Renatus Ziegler

Platonische Körper – Verwandtschaften, Metamorphosen, Umstülpungen

ARBEITSHEFTE
DER MATHEMATISCH-ASTRONOMISCHEN SEKTION

Große Reihe, Heft 1

Herausgegeben von der Mathematisch-Astronomischen Sektion der
Freien Hochschule für Geisteswissenschaft am
Goetheanum, Dornach (Schweiz)

Redaktion: Oliver Conradt

RENATUS ZIEGLER

PLATONISCHE KÖRPER
Verwandtschaften, Metamorphosen, Umstülpungen

Mit Beiträgen von Helmut Emde, Hartmut Endlich, Klaus Ernhofer, Wolfgang Maas, Ueli Wittorf

Vierte Auflage 2012

VERLAG AM GOETHEANUM

IMPRESSUM

Konzeption und Redaktion: Renatus Ziegler

Satz und Layout: Renatus Ziegler

Einbandgestaltung: Sophia Heyden

Druck: Freiburger Graphische Betriebe

1. und 2. Auflage 1998: Katalog mit einführenden Texten und ergänzenden Materialien zu einer Ausstellung vom 26. September bis 28. Oktober 1998 im Goetheanum, Dornach, Schweiz

3. neu bearbeitete und erweiterte Auflage 2008: Mathematisch-Astronomische Sektion am Goetheanum und Verlag am Goetheanum, CH-4143 Dornach

4. Auflage 2012 (unveränderter Nachdruck der 3. Auflage): Mathematisch-Astronomische Sektion am Goetheanum und Verlag am Goetheanum, CH-4143 Dornach

ISBN 978-3-7235-1326-2

INHALT

VORWORT ZUR 4. AUFLAGE

Die Platonischen Körper gehören zu den schönsten und mathematisch betrachtet zu den reichhaltigsten Raumgebilden. Ihnen liegt eine Fülle harmonischer Eigenschaften zugrunde, wie sie bei keinen anderen geometrischen Körpern zusammen vorkommen. Sie standen 1998 im Zentrum einer Ausstellung am Goetheanum in Dornach, für welche dieses Buch ursprünglich als Katalog diente. Es stellte sich jedoch heraus, dass das Buch auch von selbständigem Interesse war und ist.

Anhand vieler Figuren und erläuternder Texte werden die Besonderheiten der Platonischen Körper herausgearbeitet, wie etwa deren vollkommene Symmetrie und die Gleichartigkeit und Regelmäßigkeit der Eckengebilde und Flächenformen.

In weiteren Schritten wird dargestellt, welche Klassen von Körpern (Polyeder) möglich sind, wenn einige, aber nicht mehr alle dieser Symmetrie-Eigenschaften zutreffen. Es ergeben sich sehr verschiedenartige geometrische Gebilde, die jedoch alle eng mit den Platonischen Körpern zusammenhängen: Archimedische Körper, Kristallformen, Deltaeder, Sternpolyeder, Polyederzusammensetzungen, Konfigurationen, usw. Für einige dieser Körper wird das Verhältnis zum umgebenden Raum mit Hilfe der projektiven Geometrie mit einbezogen. Die letzten Kapitel widmen sich einigen Ansätzen zur «Umstülpung» von Platonischen Körpern, ausgehend vom umstülpbaren Würfel von Paul Schatz. Den meisten Kapiteln sind Literaturangaben beigefügt, welche im Literaturverzeichnis kurz kommentiert werden.

Für die 3. Auflage wurde der bisherige Text korrigiert, das Layout bearbeitet und viele Figuren hinzugefügt. Die Kapitel 5, 8, 11, 13 und 18 wurden erweitert, zwei Kapitel sind neu hinzugekommen: Kapitel 6, «Einfache und doppelte Torsionspolyeder» (von Ueli Wittorf) und Kapitel 9, «Gleichflächige Polyeder». Auf weitere inhaltliche Ergänzungen und Einbezug des neusten Stands der Forschung wurde verzichtet, da das Buch in erster Linie als kurzgefasste Einführung gedacht ist und für weitergehende und vertiefende Betrachtungen die Literatur konsultiert werden muss. Für eine sorgfältige Durchsicht des Textes der 3. Auflage danke ich Bettina Kistler. Die 4. Auflage ist ein unveränderter Nachdruck der 3. Auflage.

Zur genannten Ausstellung erschien 1998 auch das Buch «Morphologie der Kristallformen und symmetrischen Polyeder – Kristall- und Polyedergeometrie im Lichte von Symmetrielehre und projektiver Geometrie», das nach wie vor die systematischen Grundlagen für die meisten der hier dargestellten geometrischen Tatsachen bereit hält.

Selbstverständlich gibt es mittlerweile eine fast nicht mehr überschaubare Anzahl an Internet-Quellen zu vielerlei Aspekten der Polyedergeometrie. Dieses Material kann der interessierte Leser selbst erkunden und bewerten.

Der Mathematisch-Astronomischen Sektion am Goetheanum und dem Verlag am Goetheanum danke ich, dass sie die wesentlich erweiterte 3. Auflage und nun auch die 4. Auflage möglich gemacht haben.

Renatus Ziegler — Basel, im Juni 2012

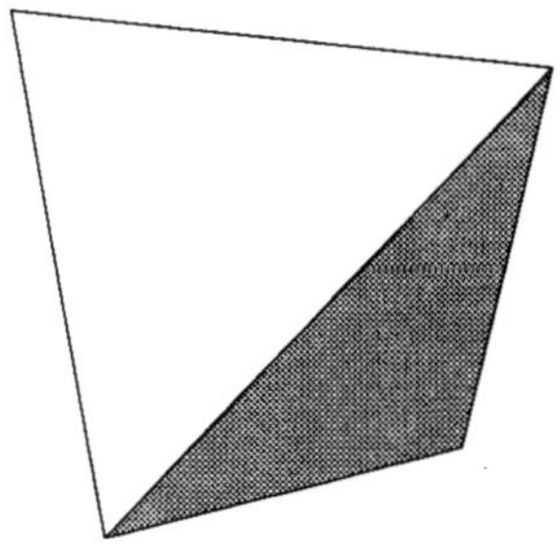

Tetraeder

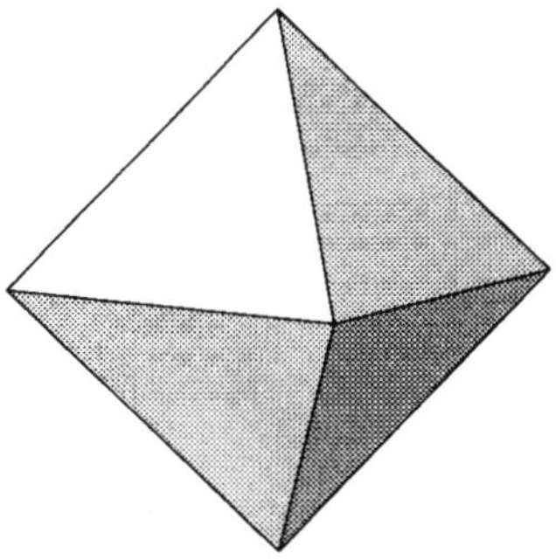

Oktaeder

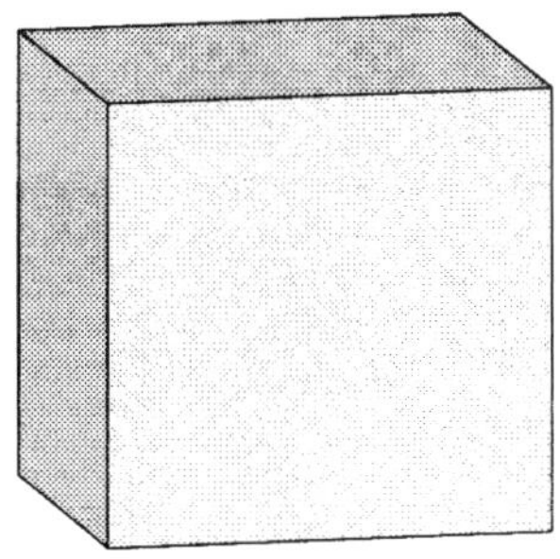

Hexaeder

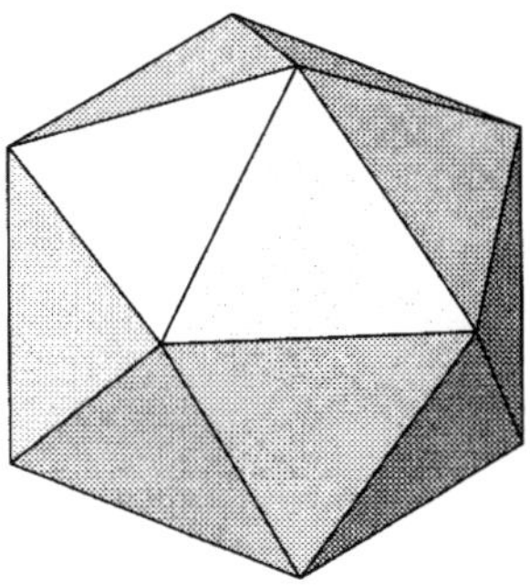

Ikosaeder

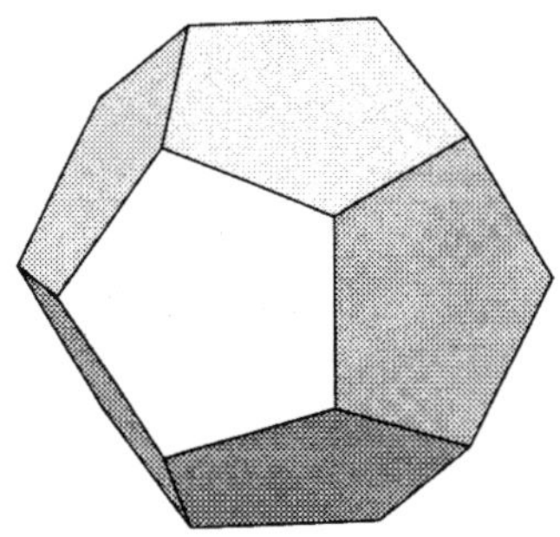

Dodekaeder

Platonische Körper

Das Ausbilden mathematischer Vorstellungen ist [...] elementare Anthroposophie

Rudolf Steiner, 9. 4. 1923

EINFÜHRUNG

Die Platonischen Körper beschäftigen schon seit tausenden von Jahren das menschliche Denken, Vorstellen und Empfinden. Von ihrem ästhetisch-harmonischen Reiz fühlt sich fast jeder Mensch angesprochen. Sie waren und sind jedoch auch Gegenstand intensiver Auseinandersetzungen der verschiedensten Art. Dies betrifft Künstler, insbesondere Plastiker, Goldschmiede, Architekten, dann Philosophen und Theologen sowie Kristallographen, Physiker, Chemiker und natürlich Mathematiker.

Eine Beschäftigung mit den Platonischen Körpern läßt sich schon früh in der griechischen Antike ausmachen. Die erste überlieferte Definition stammt von Plato und so kam es, daß der Name «Platonische Körper» in die Weltliteratur einging.

Von mathematischen und ästhetischen Gesichtspunkten aus braucht es keine Rechtfertigung für die Beschäftigung mit den Platonischen Körpern. Diese geometrischen Gebilde bieten eine solche Fülle von in sich ausgewogenen, harmonischen Eigenschaften, daß sie von keiner anderen geometrischen Figur, mit Ausnahme vielleicht des Kreises oder der Kugel, übertroffen werden. Sie stehen deshalb im Brennpunkt einer ganzen Hierarchie von allgemeineren ebenflächig begrenzten Körpern (Polyeder), denen dieses oder jenes Merkmal zu ihrer höchsten Vollkommenheit fehlt. (Aus historischen Gründen wird die Bezeichnung «Platonische Körper» verwendet, während alle übrigen besprochenen Körper meist mit «Polyeder» bezeichnet werden.)

Einigen dieser Verwandtschaftsbeziehungen gehen wir in in diesem Buch anhand verschiedener Zeichnungen und Abbildungen nach. Man hat es jedoch interessanterweise in vielen Fällen nicht bloß mit einem Nebeneinander von verwandten Polyederarten zu tun, sondern mit verschiedenen Übergängen von einer Polyederart zur anderen. Dabei zeigt sich, daß die Platonischen Körper als Übergangs- oder Durchgangsformen eine ganz besondere Rolle spielen.

Die Sonderstellung der Platonischen Körper zeigt sich auch bei den sogenannten Torsionspolyedern. Das sind mechanisch bewegliche Polyedermodelle, die in einer atmenden Bewegung verschiedene Formstadien durchlaufen und auf diese Weise fast alle Archimedischen Körper erzeugen können.

Bezieht man bei den Platonischen Körpern den Umgebungs- oder Aussenraum mit ein, so gelangt man im Falle des Oktaeders, Dodekaeders und Ikosaeders zu Sternpolyedern. Dehnt man die Kantengeraden und Flächenebenen bis zur unendlich fernen Ebene, kurz Fernebene, des projektiv erweiterten Raumes aus, so erhält man wunderbare, den ganzen Raum durchwebende, in sich harmonische Konfigurationen von Punkten, Ebenen und Geraden. Insbesondere zeigen sich in der Fernebene für verschiedene Polyederarten charakteristische Figuren aus Punkten und Geraden.

Wird diese Fernebene mit ihren Konfigurationen in bestimmter Weise in Bewegung gebracht, so durchlaufen insbesondere die Platonischen Körper eine Entwicklungsreihe, die man als Umstülpung bezeichnen kann, da es Übergangsstadien gibt, bei denen sich das Innere des Polyeders in das Äußere «umstülpt».

Diese Idee liegt den sogenannten Platonischen Umstülpungsmodellen zugrunde. Diese werden jedoch nicht nur gemäß mathematischer Bedingungen umgestülpt, sondern auch den «Einschränkungen» eines technisch realisierbaren mehrgliedrigen Modells unterworfen. Die Grundidee des Umstülpmechanismus stammt von Paul Schatz, dessen Ideen durch verschiedene Forscher und Erfinder geeignet erweitert und an bestimmte zusätzliche Bedingungen angepaßt wurden.

Die weiteren umstülpbaren Gelenkketten mit je sechs Gliedern sind ebenfalls auf der Basis des umstülpbaren Würfels von Paul Schatz entworfen worden und übertragen dessen Idee auf die übrigen Platonischen Körper.

Naturgemäß mußte die Thematik in verschiedenster Weise eingeschränkt werden, um sie nicht ins Uferlose wachsen zu lassen. So stehen bei den Polyedern in erster Linie die konvexen Formen (ohne einspringende Ecken oder Kanten) im Vordergrund, mit Ausnahme einiger Sternpolyeder und zusammengesetzter Polyeder. Im weiteren stellen wir bei den konvexen Polyedern vor allem solche vor, die durch Symmetrieoperationen erzeugbar sind. Insbesondere werden dadurch die großen Klassen der flächenäquivalenten nichtkonvexen (uniformen) Polyeder sowie der konvexen Polyeder mit regulären Flächen nicht vollständig erfaßt.

Auf Bezüge der Platonischen Körper und deren Verwandtschaften, Metamorphosen und Umstülpungen zu anderen Lebens- oder Wissensgebieten sind wir ebenfalls nicht eingegangen. Eine Ausnahme hiervon macht nur das Planetenmodell von Kepler, dessen Präsentation wir nicht widerstehen konnten. Für die durch die Umstülpungsbewegungen der Platonischen Körper, insbesondere des Würfels von Paul Schatz, erzeugbaren gekrümmten Oberflächen sowie für technische Anwendungen und Fortentwicklungen des Schatzschen Umstülpmechanismus verweisen wir auf die Literatur.

In den hier vorliegenden Texten wird vor allem Wert auf Anschaulichkeit und Kürze gelegt. Es war nicht an allen Stellen möglich, die verwendeten Begriffe zu erläutern. Für präzise Definitionen, mathematische Ableitungen und Begründungen sowie gründlichere Ausführungen verweisen wir auf die angeführte Literatur und deren Kommentierung im Literaturverzeichnis.

1
PLATONISCHE KÖRPER UND DEREN DUALITÄTSBEZIEHUNGEN

EIGENSCHAFTEN PLATONISCHER KÖRPER

Die Oberfläche eines Platonischen Körpers bildet eine zusammenhängende Menge von ebenen Polygonen (Vielecke), *Flächen* genannt, so daß jede Seite eines Polygons, *Kanten* genannt, zu genau einem weiteren Polygon gehört. Außerdem haben die Flächen keine weiteren Punkte gemeinsam, es liegt also keine Selbstdurchdringung des Raumkörpers vor (siehe S. 7).

Die Platonischen Körper sind dadurch als Vielflächner, insbesondere als *Polyeder* ausgezeichnet. Sie haben zudem keine einspringenden Ecken oder Kanten, sind also *konvex*.

Unter allen Raumkörpern mit diesen Eigenschaften sind die Platonischen Körper diejenigen mit der höchsten Regelmäßigkeit.

Insbesondere haben Platonische Körper folgende Eigenschaften (Abb.1.1):

- *Alle Ecken und Flächen sind kongruent.* Die Eckenpyramiden und die Flächen der Platonischen Körper sind alle untereinander geometrisch gleichartig (kongruent).
- *Alle Ecken und Flächen sind regulär.* Alle Ecken sind reguläre Vielkante (gleiche Flächen- und Kantenwinkel) und alle Flächen sind reguläre Vielecke (gleichseitig und gleichwinklig), insbesondere Dreiecke, Vierecke und Fünfecke.
- *Alle Ecken und Flächen sind symmetrieäquivalent.* Jede Ecke kann in jede andere Ecke durch eine Deckbewegung, Symmetrie oder Symmetrieoperation mit einem invarianten Punkt im Mittelpunkt des Platonischen Körpers übergeführt werden, ebenso jede Fläche in jede andere.

  Solche Deckbewegungen sind: Drehungen um eine Achse, Spiegelungen an einer Ebene oder im invarianten Punkt (Mittelpunkt) und deren Zusammensetzungen (Kapitel 3). – Anstatt von *Symmetrieäquivalenz* sprechen wir auch nur kurz von *Äquivalenz*.
- *Alle Kanten sind kongruent.*
- *Alle Kanten sind symmetrieäquivalent* (und damit kongruent). Jede Kante kann in jede andere Kante durch eine Symmetrieoperation des Platonischen Körpers übergeführt werden.
- *Es existiert eine Umkugel, eine Inkugel und eine Kantenkugel.* Dies ist eine Konsequenz der Symmetrieäquivalenz der Ecken, Flächen bzw. Kanten.
- *Die Platonischen Körper sind einfache Polyeder.* Dies bedeutet, daß die Menge aller Flächen eines Platonischen Körpers nicht in elementfremde Mengen von Flächen mehrerer geschlossener Körper (Polyeder) gegliedert werden kann; siehe dazu Kapitel 16.

Den meisten der weiter unten besprochenen Raumkörpern fehlt mindestens eine dieser Eigenschaften der Platonischen Körper. Sie können deshalb als Verallgemeinerungen der Platonischen Körper aufgefaßt werden. Wir kommen an den betreffenden Stellen auf diese Zusammenhänge zurück.

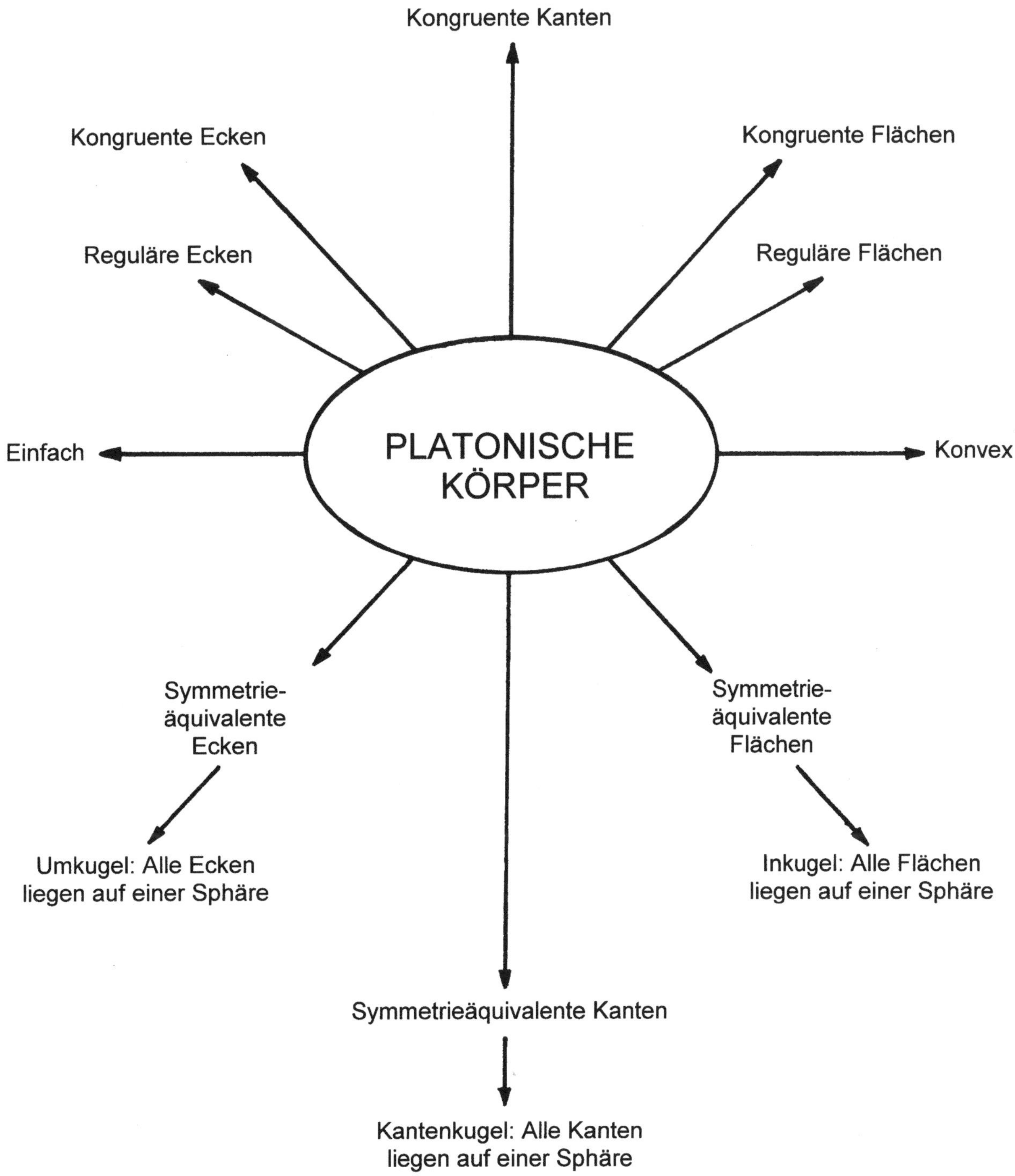

Abb. 1.1: *Eigenschaften Platonischer Körper*

DUALITÄTSBEZIEHUNGEN DER PLATONISCHEN KÖRPER

Ein Oktaeder besitzt genau so viele Flächen (8) wie ein Würfel oder Hexaeder Ecken hat und umgekehrt ein Hexaeder genau so viele Flächen (6) wie ein Oktaeder Ecken. Ihre jeweilige Kantenzahl (12) ist dieselbe. Beim Tetraeder stimmen Flächen- und Eckenzahl (4) überein. Dagegen stehen Ikosaeder und Dodekaeder in einem ähnlichen Verhältnis wie Oktaeder und Hexaeder.

Ein Ikosaeder besitzt so viele Flächen (20), wie ein Dodekaeder Ecken und letzteres hat so viele Flächen (12) wie ein Ikosaeder Ecken. Beide haben 30 Kanten. Man nennt aufgrund dieser Beziehungen Oktaeder und Würfel bzw. Ikosaeder und Dodekaeder zueinander dual und das Tetraeder *selbstdual* (Abb. 1.2).

Vermöge der *Polarität an einer Kugel* (etwa der Inkugel, Umkugel oder Kantenkugel), bei welcher Punkte, Ebenen und Geraden Ebenen, Punkte bzw. Geraden entsprechen, lassen sich Würfel in Oktaeder sowie Dodekaeder in Ikosaeder und umgekehrt überführen, falls man den Mittelpunkt der Kugel in das Zentrum des Polyeders legt; ein Tetraeder geht dabei in ein anderes Tetraeder über. Jede Polarität zwischen zwei Platonischen Körpern ist auch eine Dualität. Die Umkehrung trifft auch zu, da zwei beliebige Platonische Körper immer in eine solche Lage gebracht werden können, daß es eine Sphäre gibt, für welche die dualen Platonischen Körper polar sind.

In Abbildung 1.2 wird die Dualität anhand einer Polarität an der Inkugel des äußeren Polyeders bzw. an der Umkugel des inneren Polyeders demonstriert.

LITERATURHINWEIS

Adam/Wyss [1984], Coxeter [1981], Senechal/Fleck [1988], Toepell [1991]

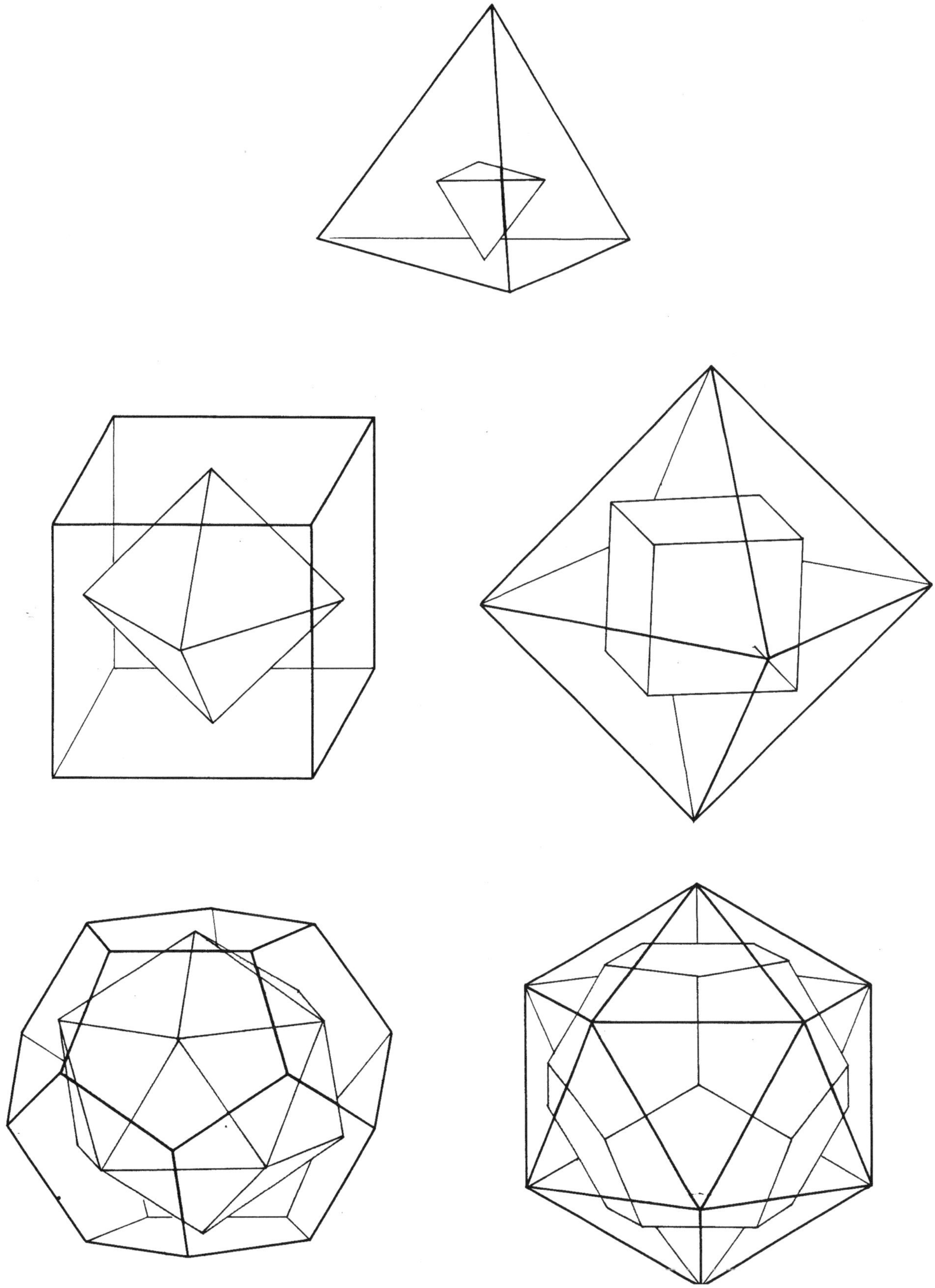

Abb. 1.2: *Dualitätsbeziehungen der Platonischen Körper*

2
KEPLERS PLANETENMODELL

HINTERGRUND

Johannes Kepler (1571–1630) wurde mitten in seinen theologischen Studien in Tübingen 1594 an eine höhere Schule in Graz als Lehrer der Mathematik berufen. Wenn er auch nur ungern darauf einging - er strebte ein Pfarramt an – so hatte doch dieses Ereignis für sein Leben eine einschneidende schicksalhafte Bedeutung. In Graz hatte er Muße, über einige Probleme des Kosmos nachzudenken, die ihm besonders am Herzen lagen, nämlich die Zahl, die Größe und die Bewegung der Planetenbahnen. Hierbei kam ihm bald die entscheidende Idee, welche der Konzeption des Werkes *Prodromus dissertationum cosmographicarum, continens mysterium cosmographicum, de admirabili proportione orbium coelestium, ... demonstratum per quinque regularia corpora geometrica* (Tubingae 1596), von Kepler selbst mit *Mysterium Cosmographicum* abgekürzt, zugrunde liegt.

Kepler entdeckte, daß sich die Planetenabstände gemäß einer bestimmten Abfolge der Platonischen Körper verhalten. Dabei berücksichtigte Kepler, der sein (zweites) Gesetz der ellipsenförmigen Planetenbahnen noch nicht entdeckt hatte, die von Copernicus überlieferten Exzentrizitäten für die kreisförmigen und mit Epizykeln versehenen Planetenbahnen und gab den jeweiligen Sphären eine entsprechende Dicke. Aus diesem Grunde handelt es sich bei den Planetensphären eigentlich um Kugelschalen (Tafel IV: Abb. 2.2). Dann legte er die Platonischen Körper so zwischen diese Schalen, daß sie die Innenseite der Kugelschalen als Umkugel und deren Außenseite als Inkugel haben. Von außen nach innen ordnet Kepler die Platonischen Körper in der Reihenfolge Hexaeder, Tetraeder, Dodekaeder, Ikosaeder und Oktaeder an, sodaß etwa die Erdbahn zwischen Dodekaeder und Ikosaeder zu liegen kommt. Allerdings mußte Kepler bei Merkur eine Ausnahme machen: die Außenseite seiner Schale ist gleich der Kantenkugel und nicht gleich der Inkugel des Oktaeders.

Das Werk wurde Ende 1596 gedruckt und erhielt Anfang 1597 die große von Christophorus Leibfried gestochene Planetenmodell-Tafel, die seither oft reproduziert worden ist (Tafel III: Abb. 2.3).

Kepler leitet seine Arbeit mit einem mutigen Bekenntnis zur kopernikanischen Lehre ein, die er bei seinem Lehrer Michael Maestlin (1530–1631) kennengelernt hatte, der ihm auch bei den schwierigen Berechnungen sowie der Drucklegung seines Erstlingswerkes zur Seite gestanden hat. Gemäß der Übersetzung des Titels *Vorbote kosmographischer Abhandlungen, das Weltgeheimnis enthaltend bezüglich der bewunderungswürdigen Verhältnisse zwischen den Himmelsbahnen, ... dargelegt mit Hilfe der fünf regulären geometrischen Körper* (Tübingen 1596) enthält dieses Werk ein astronomisch-mathematisches Forschungsprogramm, das Kepler sein ganzes Leben lang begleiten sollte:

«Drei Dinge waren es vor allem, deren Ursachen, warum sie so und nicht anders sind, ich unablässig erforschte, nämlich die *Anzahl*, *Größe* und *Bewegung* der Bahnen. Dies zu wagen bestimmte mich jene schöne Harmonie der ruhenden Dinge, nämlich der Sonne, der Fixsterne und des Zwischenraumes mit Gott dem Vater, dem Sohne und dem heiligen Geist. Da sich die ruhenden Dinge so verhielten, zweifelte ich nicht an einer entsprechenden Harmonie der bewegten Dinge.» (Vorrede an den Leser).

Trotz der ziemlich beträchtlichen Abweichungen der astronomisch bestimmten Planetenabstände mit den durch diese Abfolge der Platonischen Körper berechenbaren Sphärenabständen hielt Kepler sein ganzes Leben an dieser Idee fest (Abb. 2.1). Sogar auch dann noch, als seine eigenen Messungen und Berechnungen die Unstimmigkeiten verschlechterten anstatt, wie gehofft, verbesserten. Er integrierte sie in sein reifstes und tiefgründigstes Werk, die *Harmonice Mundi* (Linz 1619), in das V. Buch mit dem Titel «Die vollkommenste Harmonie in den himmlischen Bewegungen und die daher rührende Entstehung der Exzentrizitäten, Bahnhalbmesser und Umlaufszeiten», das als Höhepunkt auch sein berühmtes drittes Gesetz enthält.

Das Erstlingswerk von Kepler war ihm selbst sowie seinen Zeitgenossen so wichtig, daß es als einziges von seinen zahlreichen Werken eine zweite Auflage (Frankfurt 1621) erfuhr, die Kepler mit mannigfachen Anmerkungen versah, die den Umfang fast verdoppelten. Die große Tafel mit dem Planetenmodell wurde hier gegenüber der Erstauflage spiegelverkehrt gestochen und gedruckt, da offenbar die Platte mit dem Originalstich nicht mehr auffindbar war.

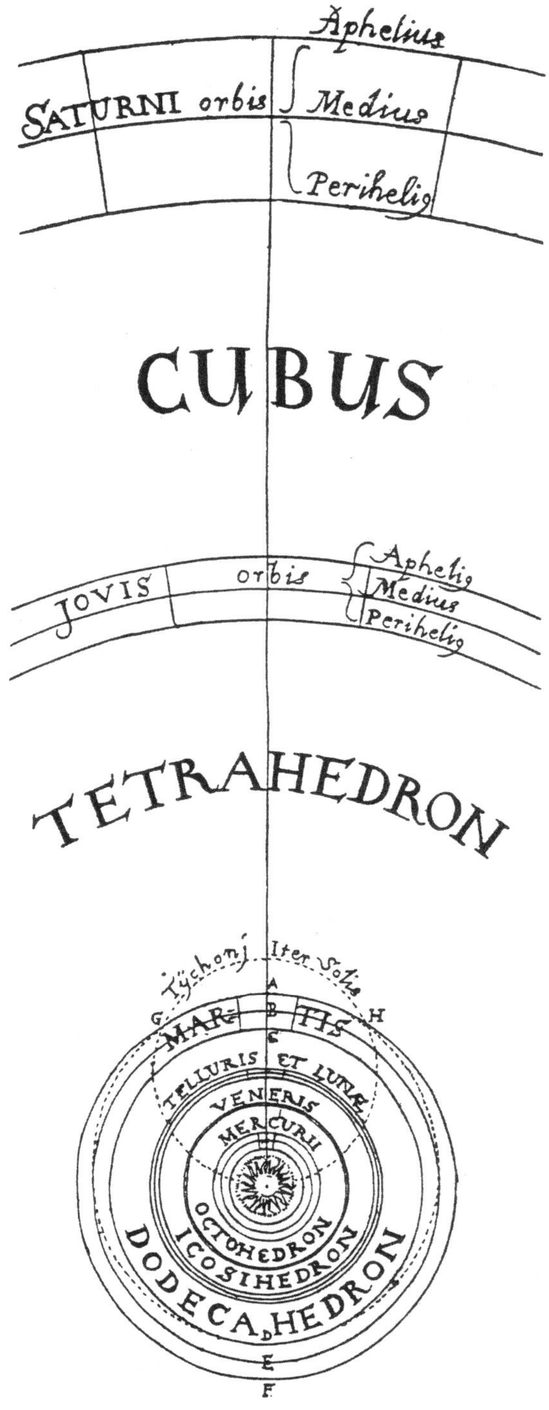

Abb. 2.1: *Planetenbahnen mit Exzentrizitäten und Abständen gemäß den Platonischen Körpern* (*Harmonice Mundi* 1619, Buch V, Kapitel 3)

LITERATURHINWEIS

Kepler [1923], [1938], [1939], [1940], [1963]; Caspar [1995]

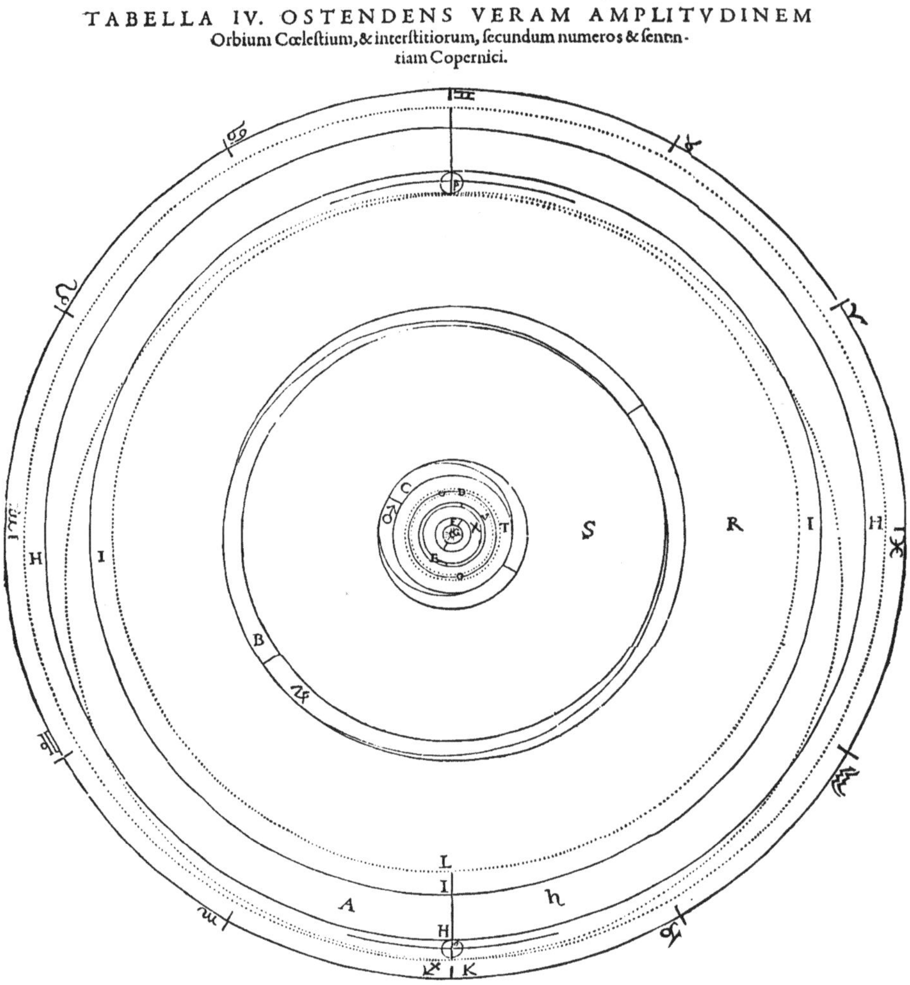

Abb. 2.2: *Planetenbahnen mit Exzentrizitäten* (*Mysterium Cosmographicum* 1621, Kapitel 14, Tafel IV)

KEPLERS TEXT ZU TAFEL IV (Mysterium Cosmographicum, Kapitel 14):

«Der äußerste Kreis stellt den Tierkreis an der Fixsternsphäre dar; er ist um den Mittelpunkt der Welt beschrieben, oder auch um den Mittelpunkt der Erdkugel, da die ganze Erdbahn im Vergleich zu jenem Kreis verschwindet.

A ist das System des Saturn, dessen Mittelpunkt in den Mittelpunkt G der Erdbahn fällt. B ist das System des Jupiter, C das des Mars. D ist der Kreis oder die konzentrische Bahn des Mittelpunktes der Erdkugel um den Mittelpunkt G; ihm ist an zwei Stellen die kleine Mondsphäre hinzugerechnet. Zwei punktierte Kreise ergeben die Dicke der Erdbahn an, wenn dieser die Mondsphäre hinzugefügt ist. E sind zwei Kreise, die die Dicke des Venussystems abgrenzen; in diesem Raum vollzieht sich jegliche Veränderung in der Bewegung dieses Planeten. G ist der Mittelpunkt aller Bahnen, und nahe bei ihm befindet sich der Sonnenkörper.

Die durch O und P gehenden Bögen sind Teile des Exzenterepizykels des Saturn. Die Kurve, die durch Q, sowie durch das Perigäum des im Apogäum O des Exzenters angebrachten Epizykels und durch das Apogäum desselben im Perigäum P des Exzenters angebrachten Epizykels geht, ist die exzentrische Planetenbahn. Sie ist kein Kreis, weicht aber von einem solchen nur unmerklich ab. HJ ist der durch zwei konzentrische Kreise umschlossene Raum, den die exzentrische Saturnbahn für sich beansprucht. Die Kurve (sie ist fast ein Kreis), die durch M und durch das Apogäum des Epizykels in O, sowie durch das Perigäum desselben Epizykels in P geht, ist der Exzenter, den Ptolemäus den Äquanten nennt. KL ist der durch zwei punktierte Kreise umschlossene Raum, den der ganze Epizykel und jener Äquant benötigen. Der Planet geht nie über H hinaus, noch über J herein.

Durch ähnliche besondere Kreise sind die übrigen Sphären dargestellt zu denken; sie sind hier weggelassen, damit nicht durch eine Unzahl von Linien das Verständnis eher erschwert als erleichtert wird. Es genügen daher bei Jupiter und Mars ihre exzentrische Bahn und die zwei diese einfassenden konzentrischen Kreise, bei den anderen Planeten die beiden konzentrischen Kreise.

Was die Zwischenräume betrifft, so ist R der Raum für den Würfel, S für das Tetraeder, T für das Dodekaeder, V für das Ikosaeder und X für das Oktaeder. N ist der Raum zwischen Saturn und den Fixsternen; er ist gewissermaßen unendlich groß.»

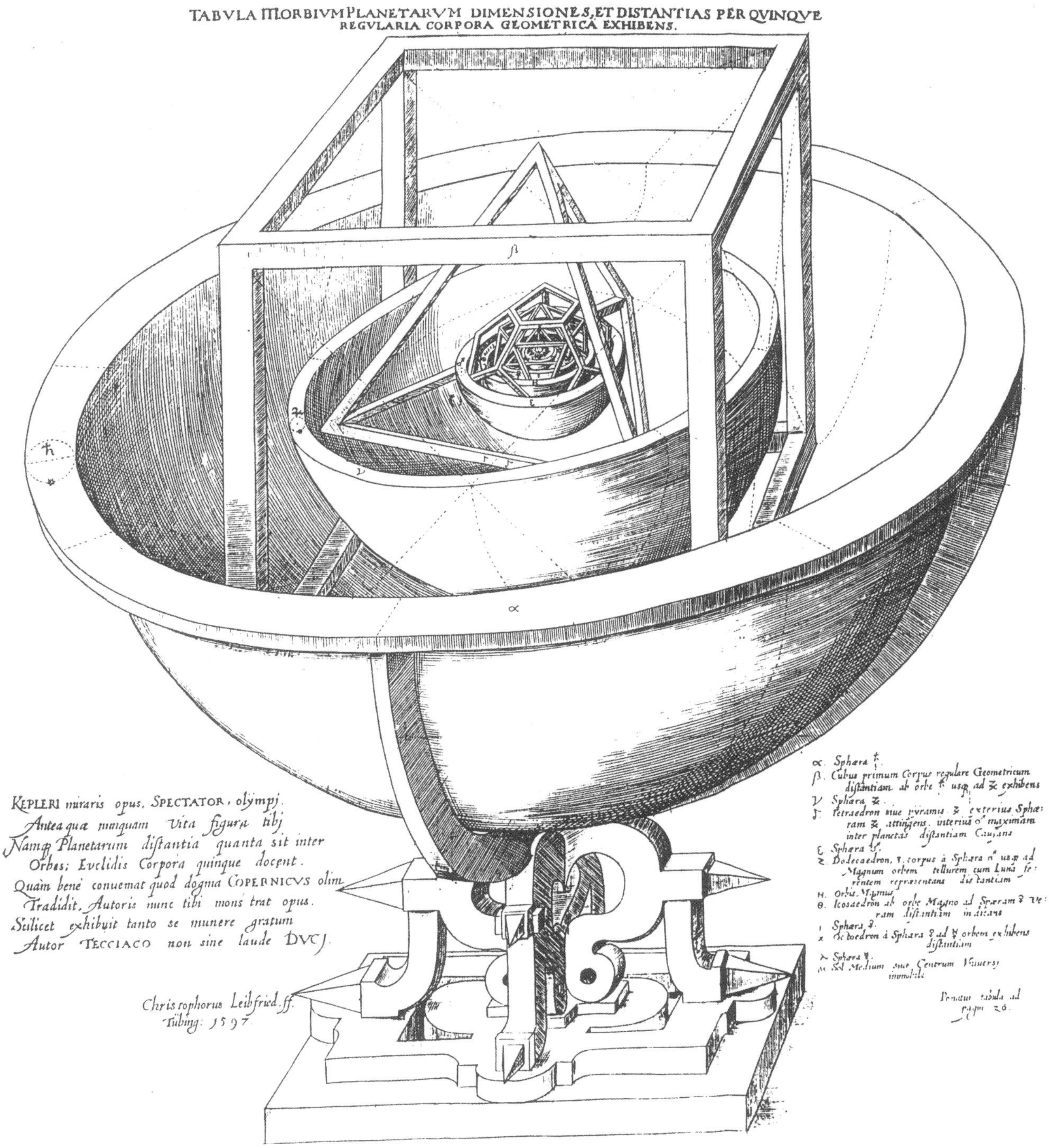

Abb. 2.3: *Kepler-Modell aller Planetensphären mit Platonischen Körpern* (*Mysterium Cosmographicum* 1597, Tafel III)

3
SYMMETRIEN UND BÜNDELFIGUREN

DIE SYMMETRIEGRUPPE DES HEXAEDERS

Unter einer Deckbewegung, Symmetrie oder Symmetrieoperation eines Polyeders (Kapitel 1) versteht man eine abstands- und winkeltreue Bewegung dieses Polyeders um dessen Mittelpunkt. Nach jeder solchen Operation sieht das Polyeder gleich aus, geht also in sich selbst über. Es braucht jedoch mindestens zwei solche Operationen, bis das Polyeder wieder dieselbe Ausgangsstellung hat.

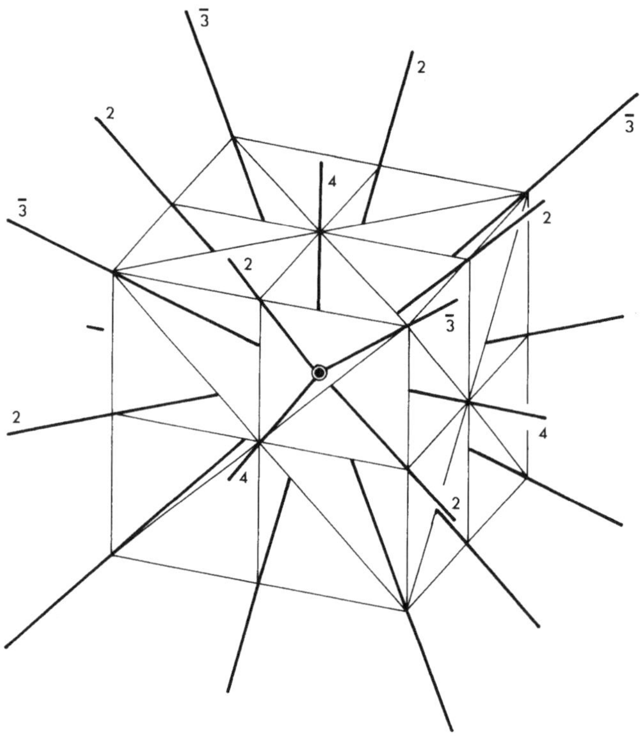

Abb. 3.1: *Symmetrieachsen und Symmetrieebenen des Hexaeders (Symmetriegerüst der Hexaedergruppe)*

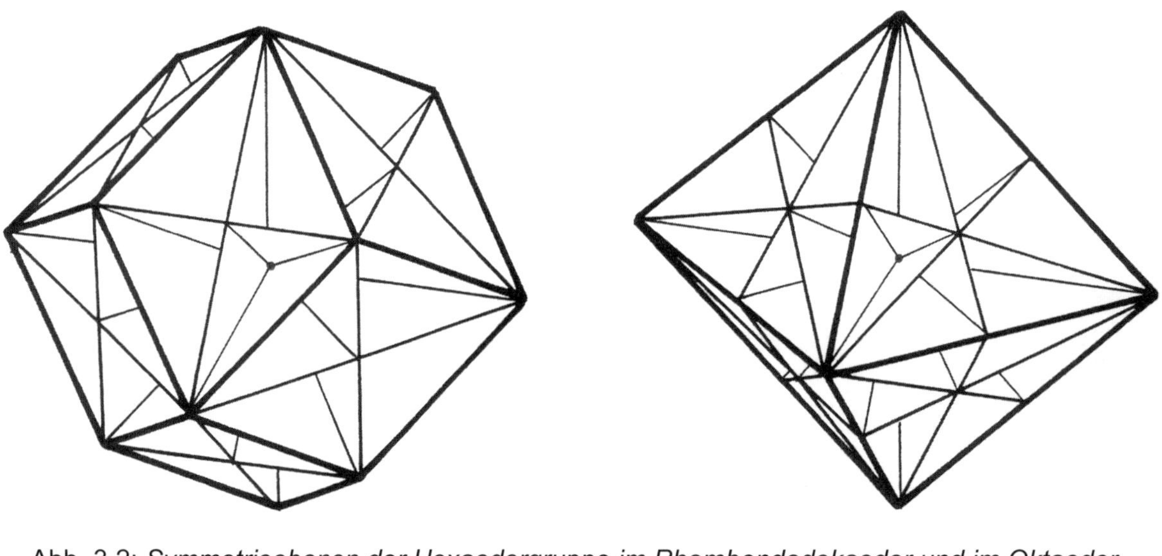

Abb. 3.2: *Symmetrieebenen der Hexaedergruppe im Rhombendodekaeder und im Oktaeder*

Als Beispiel sollen die Symmetrien des Würfels oder Hexaeders betrachtet werden. Verbindet man zwei gegenüberliegende Flächenmitten durch eine Gerade, so ist diese eine Symmetrieachse, insbesondere eine 4-zählige Drehachse. Dies bedeutet, daß nach einer Viertelsdrehung (90°) der Würfel in sich übergeht, aber erst nach viermaligem Drehen die Ausgangsposition wieder erreicht ist. Von solchen 4-zähligen Achsen gibt es 3 Stück. Im weiteren liegen in allen 4 Raumdiagonalen des Würfels 3-zählige Symmetrieachsen und in allen 6 Verbindungsgeraden von Kantenmitten 2-zählige Symmetrieachsen. Wie man anhand Abbildung 3.1 sieht, gibt es 9 Spiegel- oder Symmetrieebenen (3 paarweise orthogonale Ebenen und 6 Diagonalebenen) sowie ein Symmetriezentrum (Spiegel- oder Inversionszentrum).

Symmetrien des Hexaeders (Abb. 3.1):

3	4-zählige Symmetrieachsen
4	3-zählige Symmetrieachsen
6	2-zählige Symmetrieachsen
9	Symmetrieebenen
1	Symmetriezentrum (Inversionszentrum)

Spiegelachsen sind äquivalent zu 2-zähligen Drehachsen und sind deshalb nicht extra aufgeführt.

Jede solche Symmetrieoperation und jede Zusammensetzung (Hintereinander-Ausführung) solcher Operationen ist eine Symmetrieoperation des Hexaeders. Die Zusammensetzung einer 4-zähligen Drehung mit der Inversion wird durch einen Querstrich über der 4 markiert: $\bar{4}$.

Es zeigt sich, daß man durch die Zusammensetzung aller Symmetrieoperationen nicht beliebig viele verschiedene Symmetrieoperationen erhält, sondern genau 48 (inklusive die Identität oder Ruhestellung). Diese bilden zusammen die sogenannte *Symmetriegruppe des Hexaeders* oder kurz die *Hexaedergruppe*. Betrachtet man nur die Drehsymmetrien ohne die Spiegelungen, so spricht man von der *Hexaederdrehgruppe*. Sie hat nur 24 verschiedene Operationen.

Man nennt das einer Symmetrieoperation zugrunde liegende, fest bleibende oder invariante geometrische Element das *Symmetrieelement* dieser Operation. So gehört zu jeder Drehung deren Drehachse, also eine Gerade als Symmetrieelement. Die Gesamtheit der Symmetrieelemente bildet das *Symmetriegerüst*. Für das Hexaeder ist dieses in Abbildung 3.1 dargestellt.

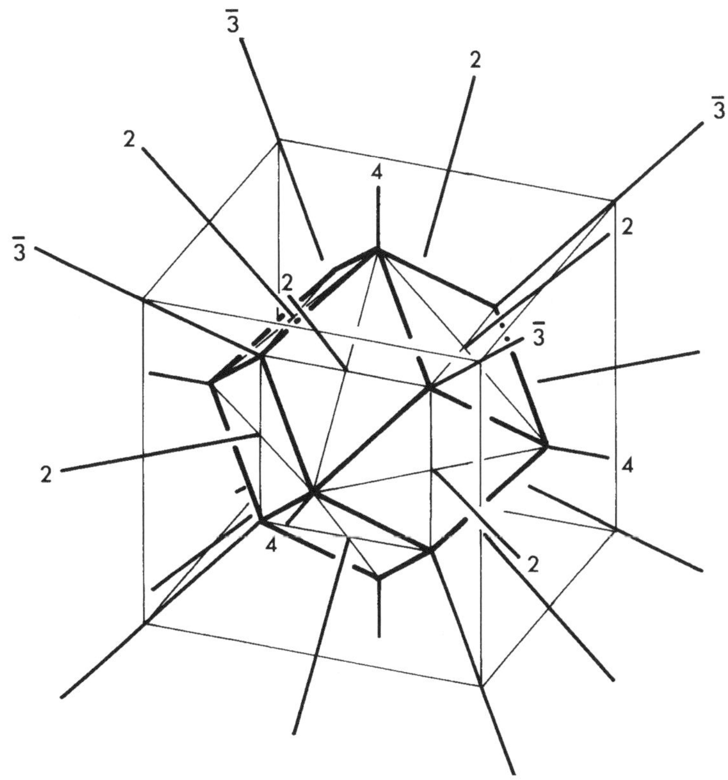

Abb. 3.3: *Symmetrigerüst der Hexaedergruppe im Rhombendodekaeder*

Es zeigt sich, daß auch noch andere Polyeder wie das Hexaeder genau dieselben Symmetrien aufweisen und damit dasselbe Symmetriegerüst und dieselbe Symmetriegruppe haben, so insbesondere das Oktaeder und das Rhombendodekaeder (Abb. 3.2 und 3.3). Das Tetraeder hat nur einen Teil der Symmetrien des Hexaeders (Abb. 3.4 und 3.5), so insbesondere vier 3-zählige Symmetrieachsen und drei 4-zählige Drehinversionsachsen (die nur 2-zählige reine Drehanteile haben). Die entsprechende *Tetraedergruppe* hat 24 und die *Tetraederdrehgruppe* 12 verschiedene Operationen.

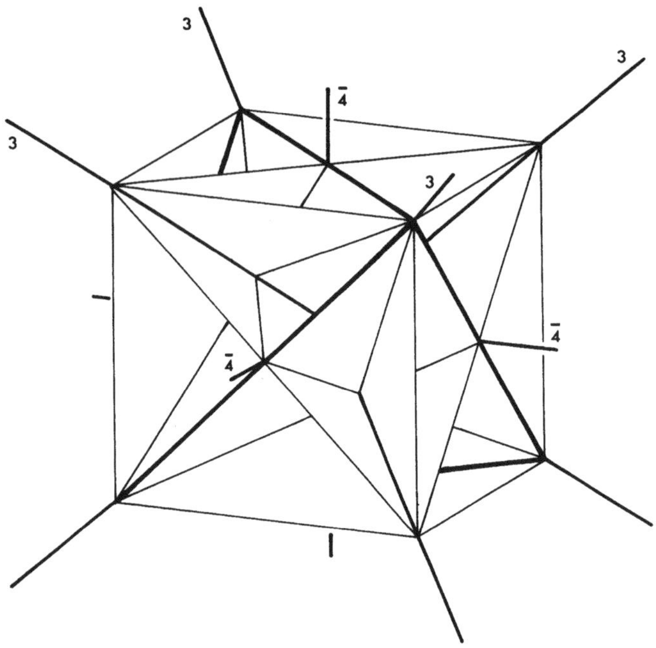

Abb. 3.4: *Symmetriegerüst des Tetraeders (Symmetriegerüst der Tetraedergruppe)*

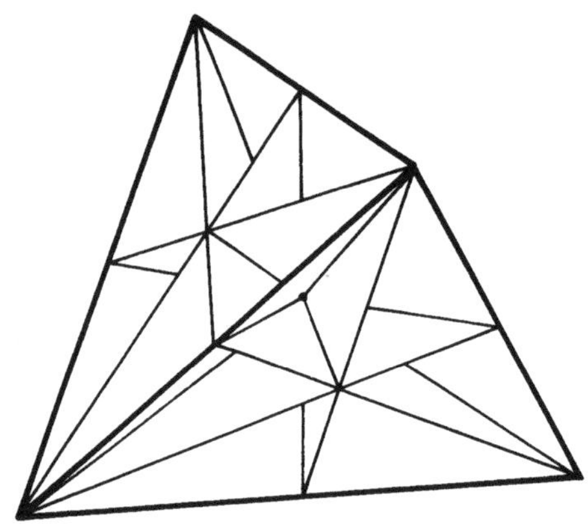

Abb. 3.5: *Symmetrieebenen des Tetraeders*

DIE SYMMETRIEGRUPPE DES IKOSAEDERS

Symmetrien des Ikosaeder (Abb. 3.6):

6	5-zählige Symmetrieachsen durch gegenüberliegende Ecken
10	3-zählige Symmetrieachsen durch gegenüberliegende Flächenmitten
15	2-zählige Symmetrieachsen durch gegenüberliegende Kantenmitten
15	Symmetrieebenen
1	Symmetriezentrum (Inversionszentrum)

Dieselben Symmetrien wie dem Ikosaeder kommen auch dem Dodekaeder und dem Rhomben-30flächner (Rhombentriakontaeder) zu (Abb. 3.7). Mit anderen Worten: Diese Körper haben dasselbe Symmetriegerüst (Abb. 3.6). Berücksichtigt man alle Zusammensetzungen der oben genannten Symmetrien (inklusive die Ruhestellung oder Identität), so erhält man genau 120 verschiedene Operationen, die zusammen die *Symmetriegruppe des Ikosaeders*, kurz *Ikosaedergruppe*, ausmachen. Sie ist wesentlich von der Symmetriegruppe des Oktaeders/Hexaeders verschieden. Beide besitzen jedoch dieselbe Untergruppe mit 3-zähligen Symmetrieachsen (trigonales System der Kristallographie). Betrachtet man nur die Drehsymmetrien ohne die Spiegelungen, so spricht man von der *Ikosaederdrehgruppe*. Sie hat 60 verschiedene Operationen.

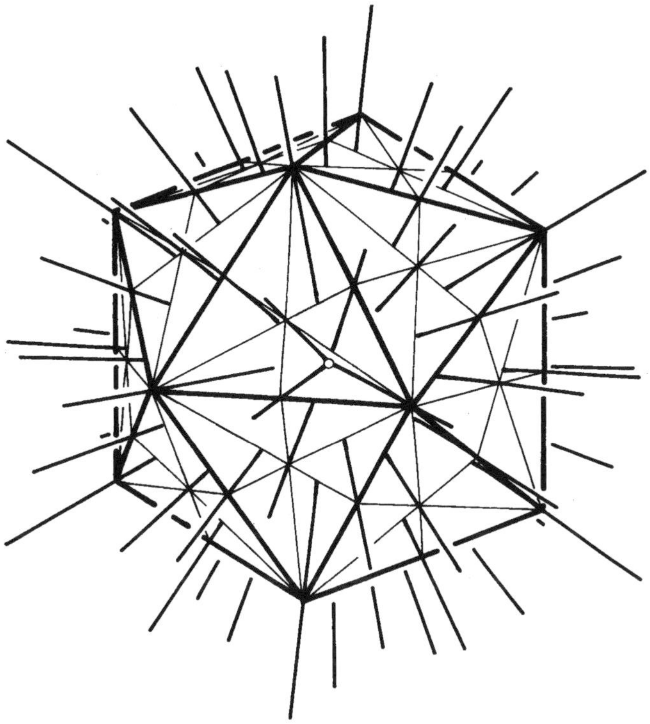

Abb. 3.6: *Symmetrieachsen und Symmetrieebenen des Ikosaeders (Symmetriegerüst der Ikosaedergruppe)*

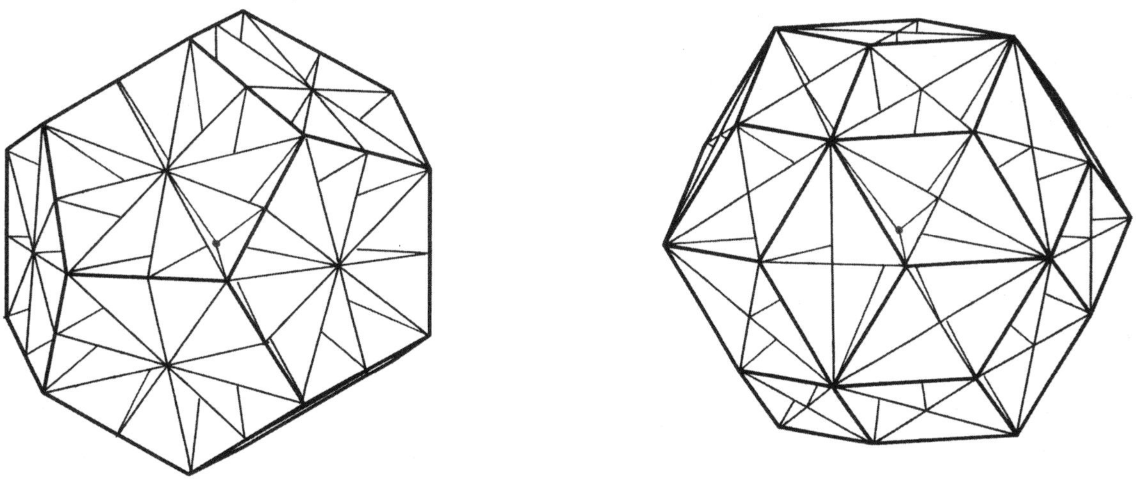

Abb. 3.7: *Symmetrieebenen der Ikosaedergruppe in Dodekaeder und Rhomben-30flächner*

LITERATURHINWEIS

Coxeter [1981], Schatz [o.J.], Shubnikov [1974], Verheyen [1996], Weyl [1955], Ziegler [1998]

4
KEMPERSCHE KÖRPER

DIE HARMONISCHE GRUNDFIGUR IM BÜNDEL

Dual zur Geometrie in einer Ebene mit den Elementen Gerade und Punkt, der *ebenen Geometrie*, ist die Geometrie in einem Punkt mit den Elementen Gerade und Ebene, die *Bündelgeometrie* oder Geometrie in einem Punkt.

Ausgehend von einem Vierflach, das sind vier Ebenen in einem Bündel, die keiner Geraden angehören, oder einem Vierkant, das sind vier Geraden in einem Bündel, die keiner Ebene angehören, kann gemäß Tabelle 4.1 und den Abbildungen 4.1 bis 4.4 eine *zentrische harmonische Grundfigur* aufgebaut werden.

Tabelle 4.1: *Vierflach und Vierkant*

Die vier ein *Vierflach* bildenden Seitenflächen schneiden sich in drei Paaren von *Gegenkanten* (Abb. 4.1).	Die vier ein *Vierkant* bildenden Kanten lassen sich in drei Paaren von *Gegenflächen* verbinden.
Die sechs Kanten lassen sich außer durch die Flächen des Vierflachs noch in den drei *Nebenflächen* verbinden (Abb. 4.2).	Diese sechs Gegenflächen schneiden sich außer in den Kanten des Vierkants noch in den drei *Nebenkanten*.
Diese drei Flächen schneiden sich in den drei *Nebenkanten* des Vierflachs. Dies ergibt ein *vollständiges Vierflach*.	Durch je zwei dieser Kanten geht eine *Nebenfläche* des Vierkants. Dies ergibt ein *vollständiges Vierkant*.
Durch jede Nebenkante kann ein Paar von *Gegenflächen* nach den beiden mit ihr noch nicht verbundenen Gegenkanten gelegt werden (Abb. 4.3).	Auf jeder Nebenfläche erzeugen die drei Paare von Gegenflächen außer den Nebenkanten noch ein Paar von *Gegenkanten*.
Diese sechs Flächen schneiden sich zu je dreien in vier Kanten, die ein Vierkant bilden.	Diese sechs Kanten liegen zu je dreien auf vier Flächen, die ein Vierflach bilden.
Als Resultat ergibt sich eine *zentrische harmonische Grundfigur* (Abb. 4.4).	Als Resultat ergibt sich eine *zentrische harmonische Grundfigur* (Abb 4.4).

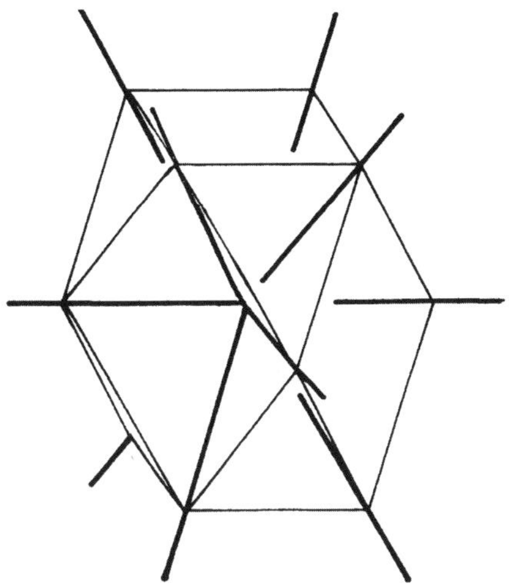

Abb. 4.1: *Vierflach mit sechs Schnittgeraden (Kanten)*

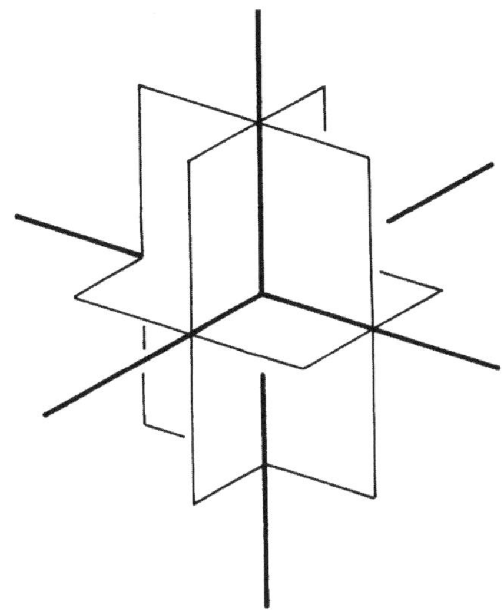

Abb. 4.2: *Nebendreiflach/-dreikant des vollständigen Vierflachs*

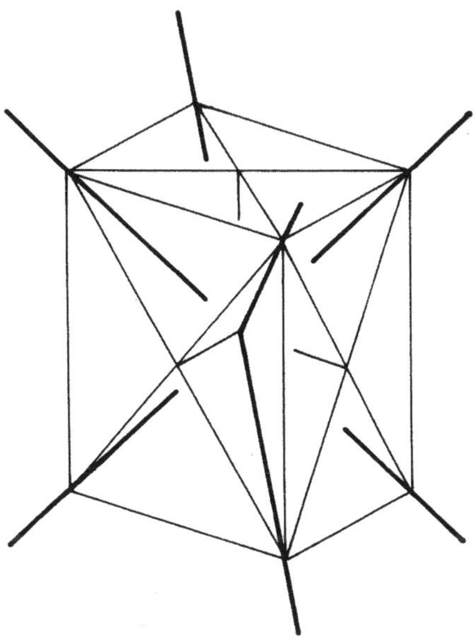

Abb. 4.3: *Die sechs Verbindungsgeraden der drei Nebenkanten mit den sechs Kanten des vollständigen Vierflachs*

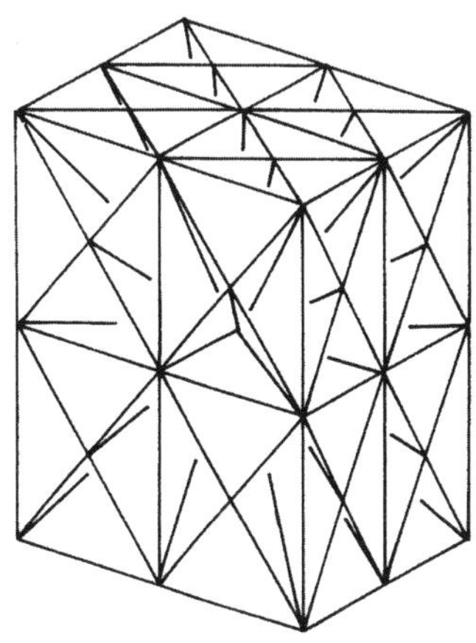

Abb. 4.4: *Harmonische Grundfigur im Bündel*

DIE KEMPERSCHEN KÖRPER

Die Platonischen Körper entstehen durch Zusammenfügung von regulären Vielecken, insbesondere Dreiecken, Vierecken (Quadrate) und Fünfecken zu geschlossenen, hochregelmäßigen Raumfiguren. Den Kemperschen Körpern liegt die Idee zugrunde, ausgehend von den Platonischen Körpern, durch reguläre Vielecke (inbesondere Quadrate, Sechsecke und Zehnecke) eine möglichst regelmäßige Gliederung eines Bündels zu erreichen.

Es gibt sich daraus ein enger Zusammenhang mit den Symmetrieelementen der Hexaedergruppe und der Ikosaedergruppe sowie mit der zentrischen harmonischen Grundfigur im Bündel. Denn die Symmetrieelemente der Hexaedegruppe bilden eine harmonische Grundfigur im Bündel um den Mittelpunkt eines Hexaeders.

Die vier Ebenen der *Vier-Sechseck-Wabe* (Abb. 4.7) bilden ein reguläres Vierflach mit sechs Kanten, die senkrecht auf den Raumdiagonalen eines Hexaeders stehen und dieses in einem Sechseck schneiden.

Die drei Ebenen der beiden *Drei-Quadrat-Waben* (Abb. 4.5 und 4.6) sind parallel den Flächen eines Hexaeders (und zugleich Symmetrieebenen) und bilden das Nebendreiflach des Vierflachs der Vier-Sechseck-Wabe (Abb. 4.7).

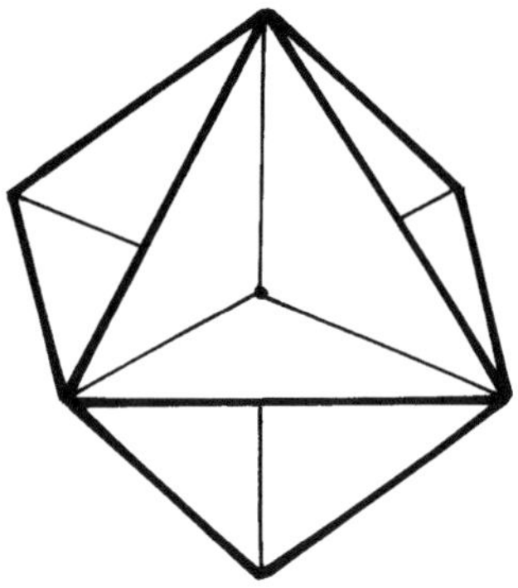

Abb. 4.5: *Drei-Quadrat-Wabe in Oktaederhülle*

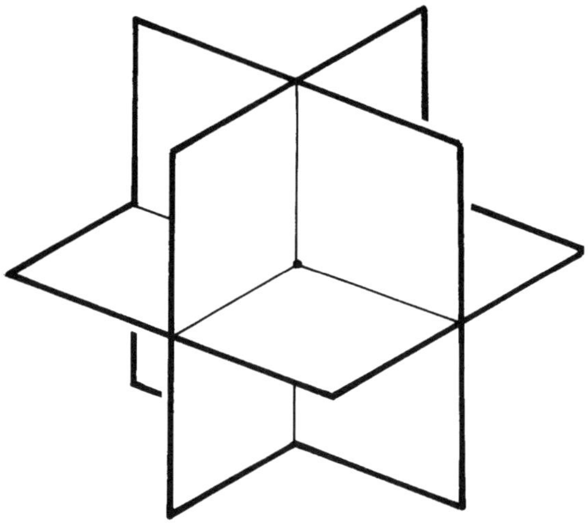

Abb. 4.6: *Drei-Quadrat-Wabe in Hexaederhülle*

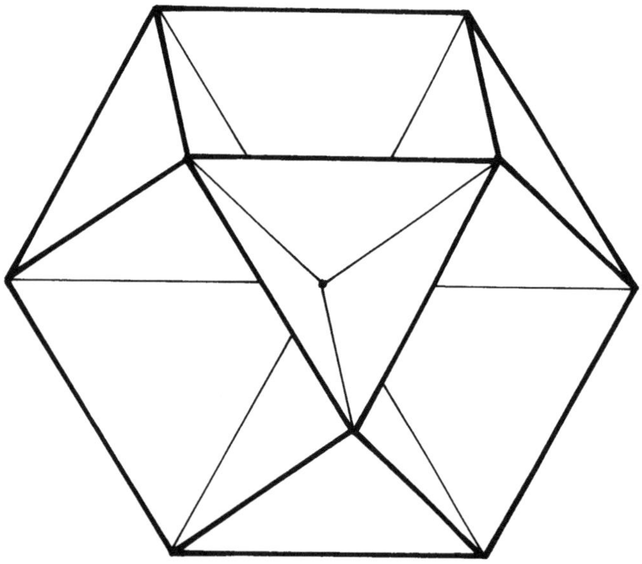

Abb. 4.7: *Vier-Sechseck-Wabe*

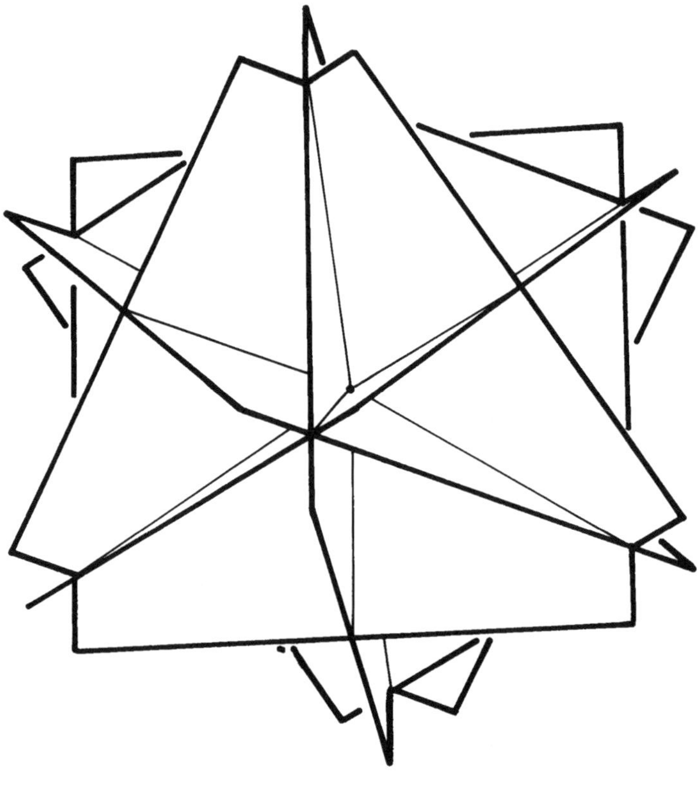

Abb. 4.8: *Sechs-Quadrat-Wabe*

Die sechs Ebenen der *Sechs-Quadrat-Wabe* (Abb. 4.8) stehen senkrecht auf den 2-zähligen Symmetrieachsen eines Hexaeders (und sind zugleich Symmetrieebenen) und bilden die Verbindungsebenen der drei Nebenkanten mit den 6 Kanten des Vierflachs.

Die sechs Ebenen der *Sechs-Zehneck-Wabe* (Abb. 4.9) stehen senkrecht auf den 5-zähligen Symmetrieachsen eines Dodekaeders und schneiden dieses in Zehnecken.

Die zehn Ebenen der *Zehn-Sechseck-Wabe* (Abb. 4.10) sind parallel zu Flächenpaaren des Dodekaeders und senkrecht zu dessen 3-zähligen Symmetrieachsen und schneiden das Dodekaeder in Sechsecken.

Die fünfzehn Ebenen der *Fünfzehn-Quadrat-Wabe* (Abb. 4.11) stehen senkrecht auf den 2-zähligen Symmetrieachsen eines Ikosaeders oder Dodekaeders und bilden zugleich deren Symmetrieebenen.

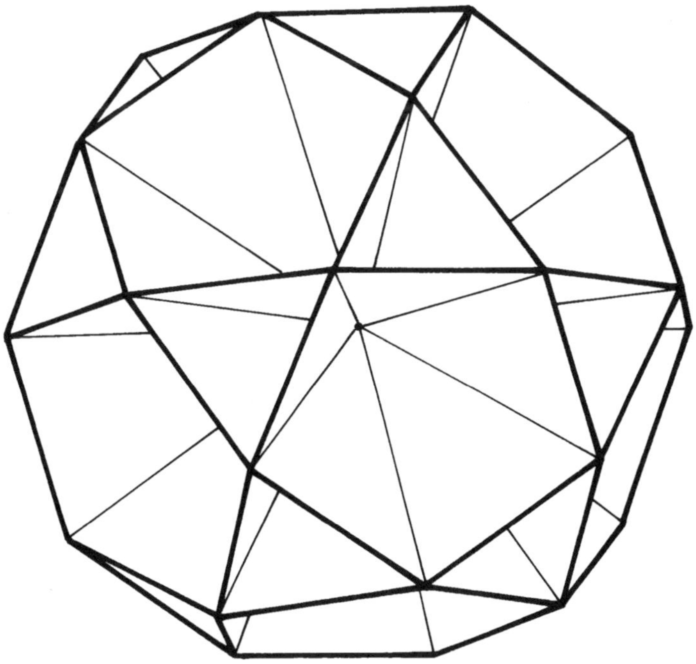

Abb. 4.9: *Sechs-Zehneck-Wabe*

ÜBERSICHT DER KEMPERSCHEN KÖPRER

Kempersche Körper mit Hexaeder-Symmetrie

Drei-Quadrat-Wabe: Drei orthogonale Ebenen, begrenzt durch Quadrate, Abb. 4.6 (Hüllkörper: Hexaeder)

Drei-Quadrat-Wabe: Drei orthogonale Ebenen, begrenzt durch Quadrate, Abb. 4.5 (Hüllkörper: Oktaeder)

Vier-Sechseck-Wabe: Vier durch reguläre Sechsecke begrenzte Ebenen, Abb. 4.7 (Hüllkörper: Kuboktaeder)

Sechs-Quadrat-Wabe: Sechs durch Quadrate begrenzte Ebenen, Abb. 4.8 (Hüllkörper: irreguläres Rhombenkuboktaeder)

Kempersche Körper mit Ikosaeder-Symmetrie

Sechs-Zehneck-Wabe: Sechs durch reguläre Zehnecke begrenzte Ebenen, Abb. 4.9 (Hüllkörper: Ikosidodekaeder)

Zehn-Sechseck-Wabe: Zehn durch reguläre Sechsecke begrenzte Ebenen, Abb. 4.10 (Hüllkörper: Ikosidodekaeder)

Fünfzehn-Quadrat-Wabe: Fünfzehn durch Quadrate begrenzte Ebenen, Abb. 4.11 (Hüllkörper: Irreguläres Rhombenikosidodekaeder)

LITERATURHINWEIS

Unger [1959], [1975], Bernhard [1984]

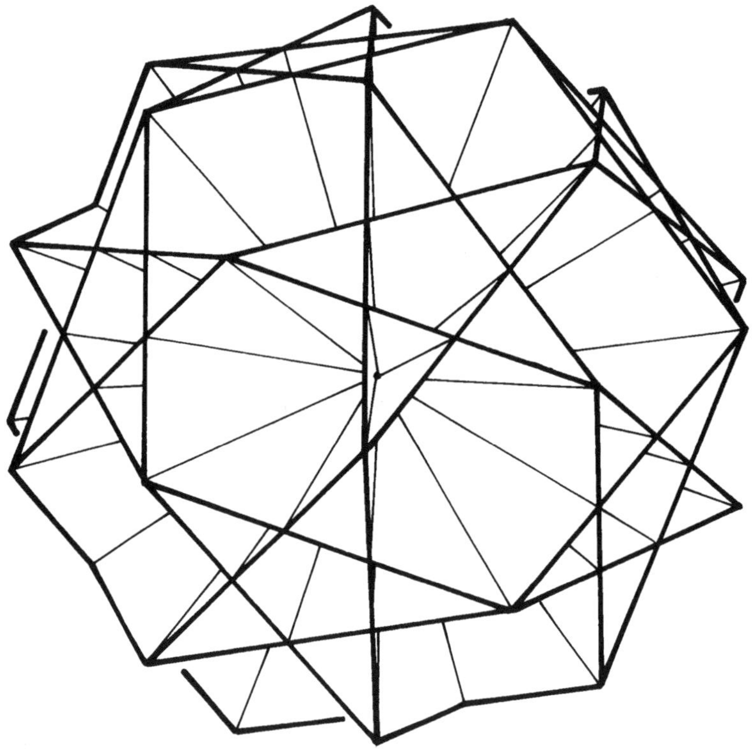

Abb. 4.10: *Zehn-Sechseck-Wabe*

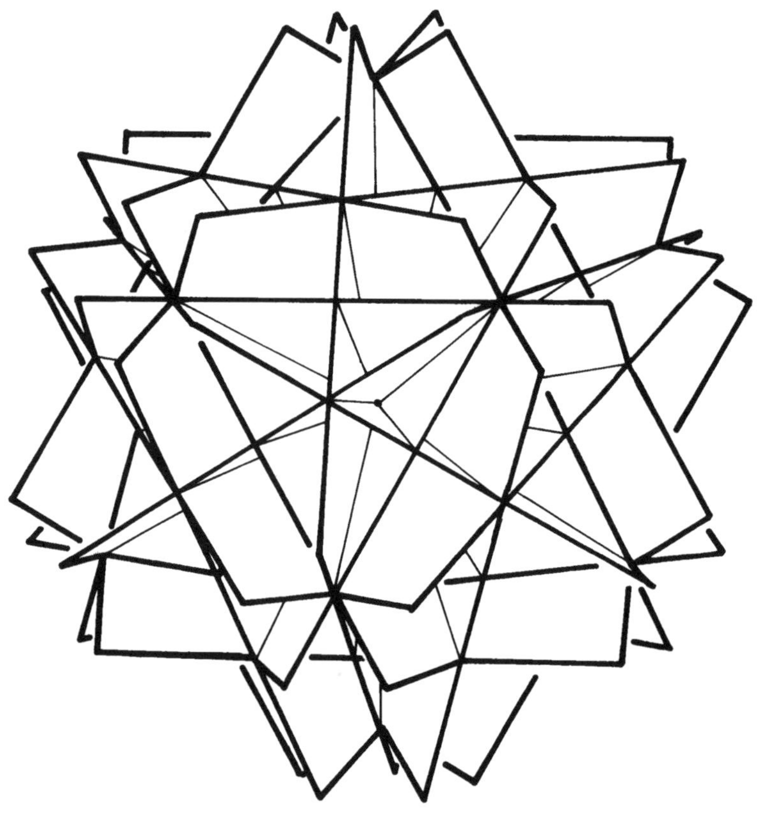

Abb. 4.11: *Fünfzehn-Quadrat-Wabe*

5
ARCHIMEDISCHE UND DUALARCHIMEDISCHE POLYEDER

ARCHIMEDISCHE POLYEDER

Die Archimedischen Polyeder ergeben sich aus den Eigenschaften der Platonischen Körper, wenn man die Bedingung der Flächenäquivalenz (und damit der Flächenkongruenz) aufgibt, jedoch die Bedingung der Flächenregularität sowie die Eckenäquivalenz (und nicht die Eckenregularität) aufrecht erhält. (Man beachte, daß hier oft anstatt von Symmetrieäquivalenz nur kurz von Äquivalenz gesprochen wird.) Damit haben alle Archimedischen Polyeder eine Umkugel, jedoch keine Inkugel. Außerdem besitzen sie kongruente, jedoch im allgemeinen nicht symmetrieäquivalente Kanten. Folglich besitzen alle Archimedischen Polyeder eine Kantenkugel.

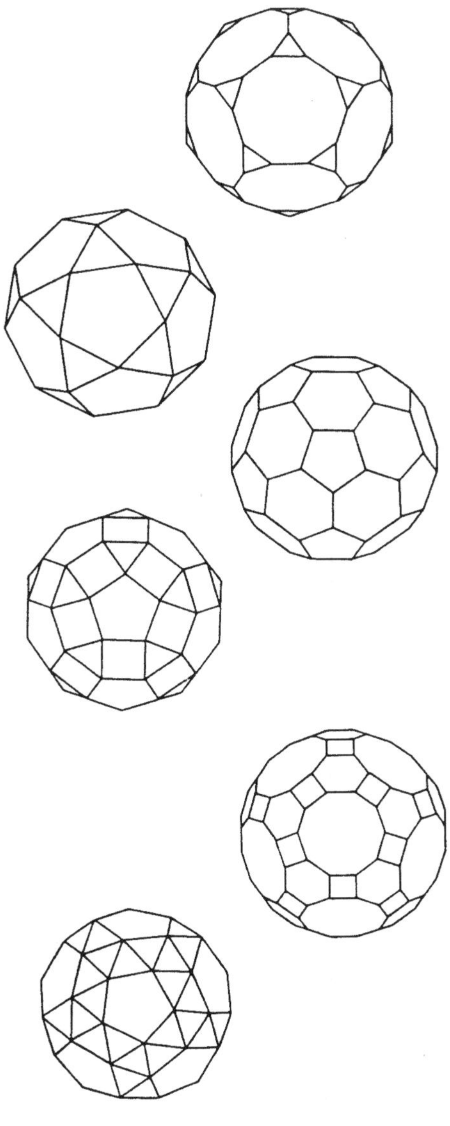

		Flächen	Ecken	Kanten
Dodekaederstumpf	12 Zehnecke 20 Dreiecke	32	60	90
Ikosidodekaeder	12 Fünfecke 20 Dreiecke	32	30	60
Ikosaederstumpf	12 Fünfecke 20 Sechsecke	32	60	90
Rhombenikosidodekaeder	12 Fünfecke 20 Dreiecke 30 Quadrate	62	60	120
Ikosidodekaederstumpf	12 Zehnecke 20 Sechsecke 30 Quadrate	62	120	180
Dodecaedron simum (abgeschrägtes Dodekaeder)	12 Fünfecke 20 + 60 Dreiecke	92	60	150

Abb. 5.1: *Archimedische Polyeder der «goldenen Reihe» (Ikosaedersymmetrie)*

Zu den in den Abbildungen 5.1 und 5.2 dargestellten Archimedischen Polyedern gehören noch die Serien von regulären Prismen und regulären Antiprismen (Abb. 5.5), die nur Symmetrien haben, deren Symmetrieelemente in *einer* Achse liegen, sogenannte *Achsensymmetrien* (Diëdergruppen).

Wir verwenden hier im wesentlichen die einfachen Bezeichnungen der Archimedischen und Dualarchimedischen Polyeder aus Adam/Wyss [1984]. Wir ziehen jedoch die Bezeichnungen *abgeschrägtes Hexaeder* und *abgeschrägtes Dodekaeder* den Namen Cubus simus und Dodedacedron simum vor. Zu den gegenseitig verdrehten Varianten dieser beiden Polyeder siehe Kapitel 6. Eine Übersicht weiterer gängiger Terminologien findet sich im Anhang von Ziegler [1998].

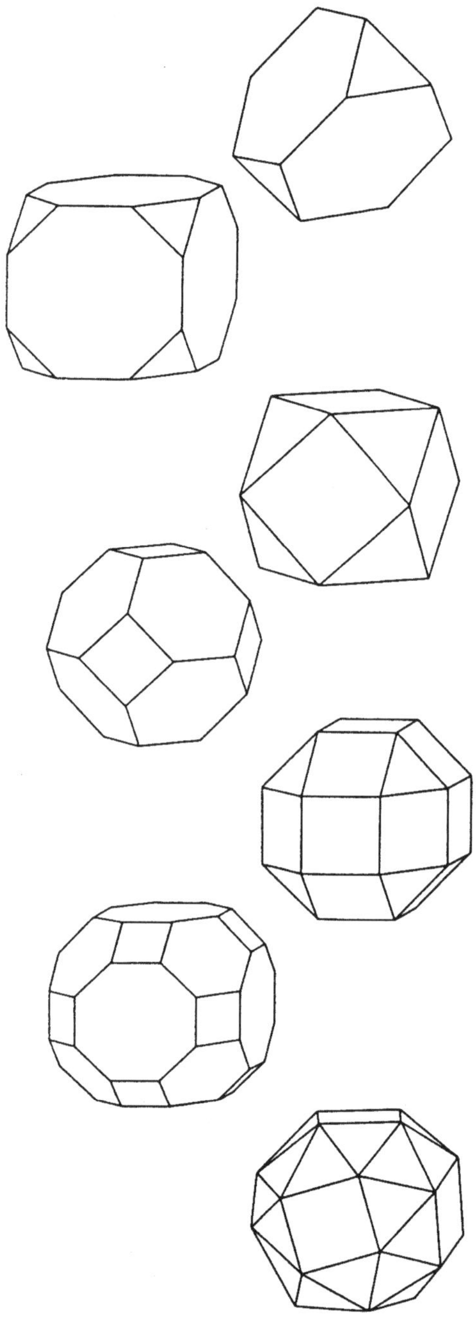

		Flächen	Ecken	Kanten
Tetraederstumpf	4 Dreiecke 4 Sechsecke	8	12	18
Würfelstumpf	6 Achtecke 8 Dreiecke	14	24	36
Kuboktaeder	6 Quadrate 8 Dreiecke	14	12	24
Oktaederstumpf	6 Quadrate 8 Sechsecke	14	24	36
Rhombenkuboktaeder	6 Quadrate 8 Dreiecke + 12 Quadrate	26	24	48
Kuboktaederstumpf	6 Achtecke 8 Sechsecke 12 Quadrate	26	48	72
Cubus simus (abgeschrägtes Hexaeder)	6 Quadrate 8 + 24 Dreiecke	38	24	60

Abb. 5.2: *Archimedische Polyeder der «irdenen Reihe» (Hexaedersymmetrie)*

Archimedische Körper			Polare Körper			
Name	Flächen an den Ecken	Anzahl Flächen	Name	Flächenform	ihre Winkel	Anzahl Flächen
Tetraederstumpf	1 Dreieck 2 Sechsecke	8	Pyramidentetraeder (Triakistetraeder)	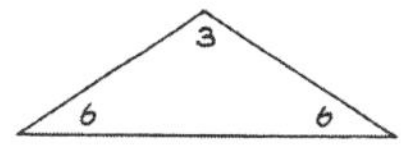	113° 2× 33 1/2°	12
Würfelstumpf	1 Dreieck 2 Achtecke	14	Pyramidenoktaeder: dreikantig (Triakisoktaeder)	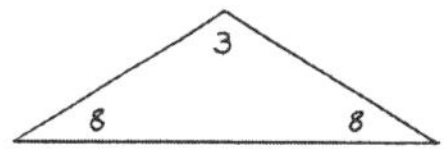	117 1/5° 2× 31 2/5°	24
Kuboktaeder	2 Dreiecke 2 Quadrate	14	Rhombenzwölf- flächner (Rhomben- dodekaeder)	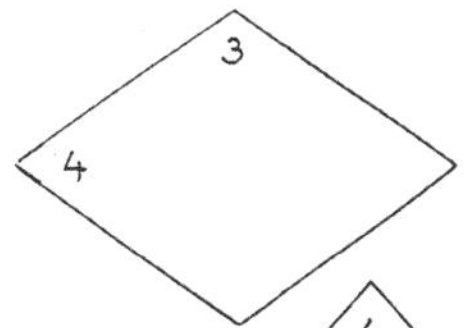	2× 70 1/2° 2× 109 1/2°	12
Oktaederstumpf	1 Quadrat 2 Sechsecke	14	Pyramidenwürfel (Tetrakishexaeder)	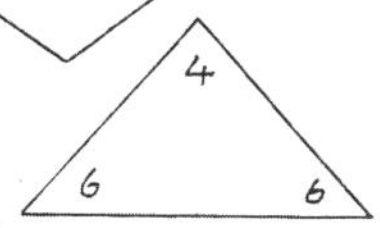	83 1/2° 2× 48 1/4°	24
Rhomben- kuboktaeder	1 Dreieck 3 Quadrate	26	Deltoidvierund- zwanzigflächner (Deltoidikositetra- eder)	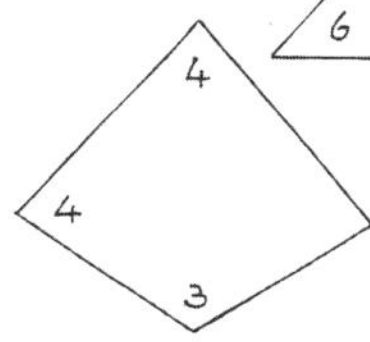	115 1/2° 3× 81 1/2°	24
Kuboktaeder- stumpf	1 Quadrat 1 Sechseck 1 Achteck	26	Pyramidenoktaeder: sechskantig (Hexakisoktaeder)	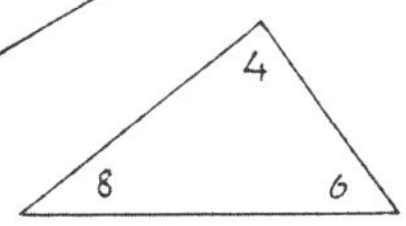	87 1/4° 55° 37 3/4°	48
Kubus simus	1 Quadrat 4 Dreiecke	38	Pentagonvierund- zwanzigflächner (Pentagonikosi- tetraeder)	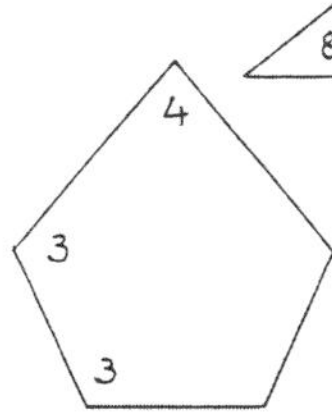	81° 4× 114 3/4	24
Dodekaeder- stumpf	1 Dreieck 2 Zehnecke	32	Pyramiden- ikosaeder: dreikantig (Triakisikosaeder)	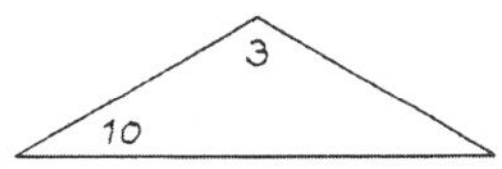	119° 2× 30 1/2°	60
Ikosidodekaeder	2 Dreiecke 2 Fünfecke	32	Rhomben- dreissigflächner (Triacontaeder- rhombus)	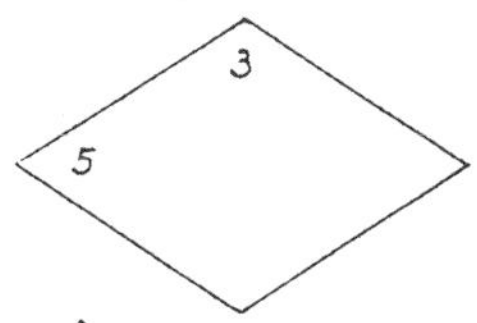	2× 116 1/2° 2× 63 1/2°	30
Ikosaederstumpf	1 Fünfeck 2 Sechsecke	32	Pyramiden- dodekaeder (Pentakisdo- dekaeder	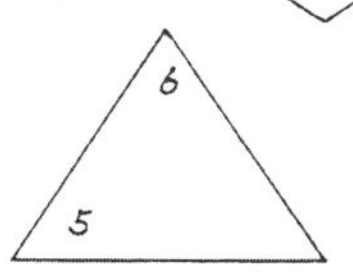	68 1/2° 2× 55 3/4°	60
Rhomben- ikosidodekaeder	1 Dreieck 1 Fünfeck 2 Quadrate	62	Deltoidsechzig- flächner (Deltoidhexa- contaeder)	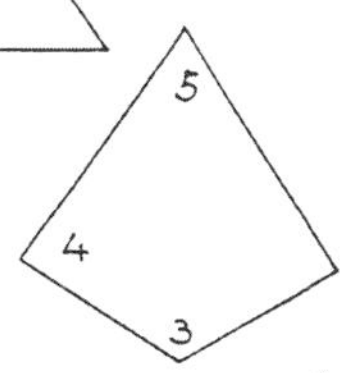	118 1/4° 2× 87° 67 3/4°	60
Ikosidodekaeder- stumpf	1 Quadrat 1 Sechseck 1 Zehneck	62	Pyramiden- ikosaeder: sechskantig (Hexakisikosaeder)	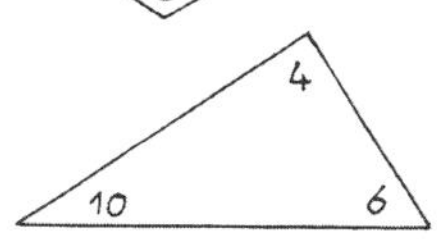	89° 58 1/4° 32 3/4°	120
Dodecaedron simum	1 Fünfeck 4 Dreiecke	92	Pentagon- sechzigflächner (Pentagon- hexakontaeder)	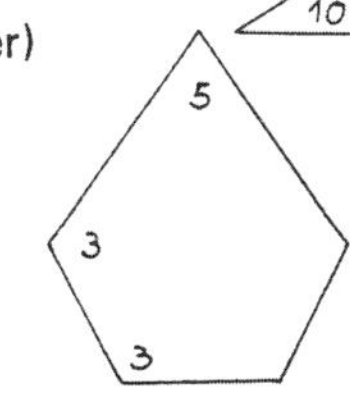	68° 4× 118°	60

Abb. 5.3: *Eigenschaften von Archimedischen Körpern und deren polare Körper (Dualarchimedische Körper)*

DUALARCHIMEDISCHE POLYEDER

Die Dualarchimedischen Polyeder (Abb. 5.4) ergeben sich aus den Eigenschaften der Platonischen Körper, wenn man die Bedingung der Eckenäquivalenz (und damit der Eckenkongruenz) aufgibt, jedoch die Bedingung der Eckenregularität sowie die Flächenäquivalenz (und nicht die Flächenregularität) aufrecht erhält. Damit haben alle Dualarchimedischen Polyeder eine Inkugel, jedoch keine Umkugel. Im allgemeinen sind die Kanten nicht symmetrieäquivalent, jedoch sind alle Flächenwinkel kongruent. Folglich besitzen alle Dualarchimedischen Körper eine Kantenkugel.

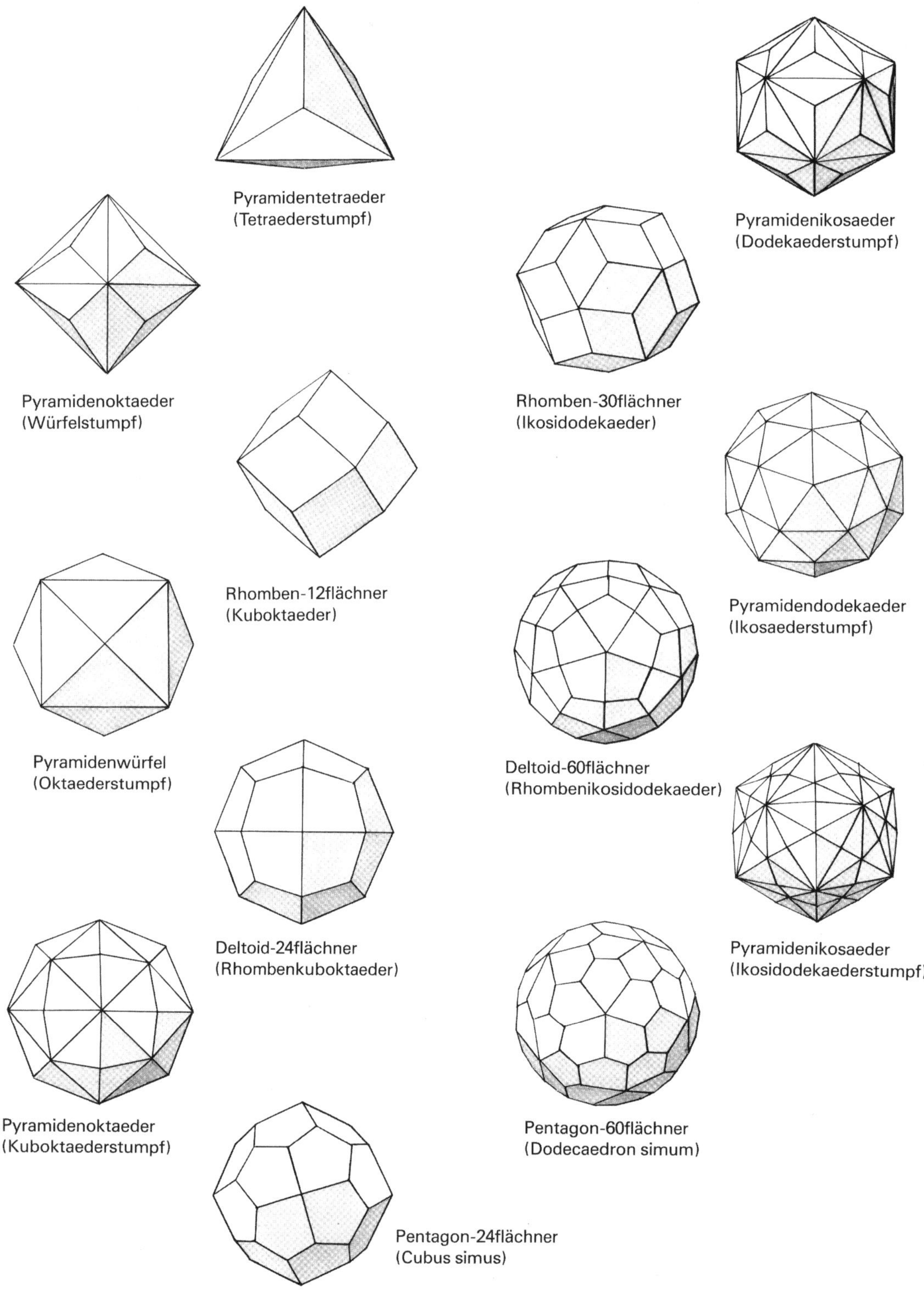

Abb. 5.4: *Dualarchimedische Polyeder*

POLYEDER MIT ACHSENSYMMETRIE

Untenstehend finden sich Abbildungen zu 5-zählig symmetrischen Repräsentanten der Archimedischen und Dualarchimedischen Polyeder, die nur Achsensymmetrien haben.

Die Reihen der regulären n-Prismen und regulären n-Antiprismen (n = 3, 4, 5, ...) gehören zu den Archimedischen Polyedern (Abb. 5.5.). Abbildungen der zu rein eckenäquivalenten Polyedern verallgemeinerten Prismen und Antiprismen finden sich im Kapitel 8, zusammen mit noch anderen nichtarchimedischen und achsensymmetrischen Polyedern.

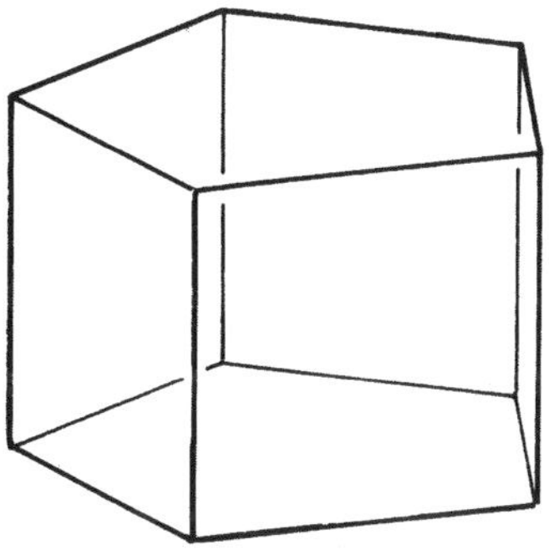

5-Prisma

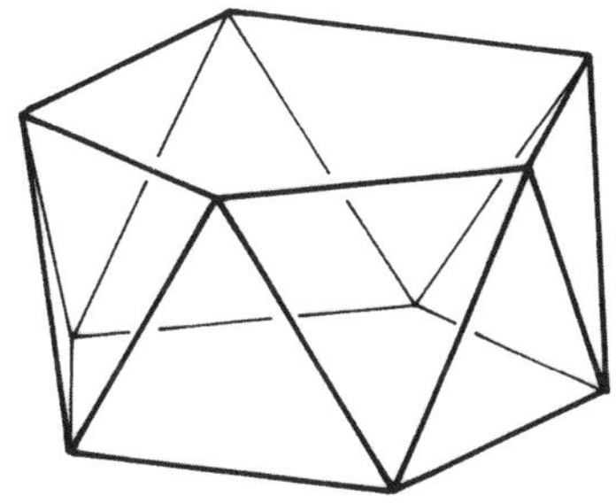

5-Antiprisma

Abb. 5.5: *Beispiele Archimedischer Polyeder mit Achsensymmetrie*

Den regulären n-Prismen und n-Antiprismen entsprechen dual die regulären n-Dipyramiden (n-Doppelpyramiden) und die regulären n-Streptoeder mit n = 3, 4, 5, ... (Abb. 5.6). Auf die zu reinen flächenäquivalenten Polyedern verallgemeinerten achsensymmetrischen und nichtdualarchimedischen Polyeder kommen wir im Kapitel 9 zurück.

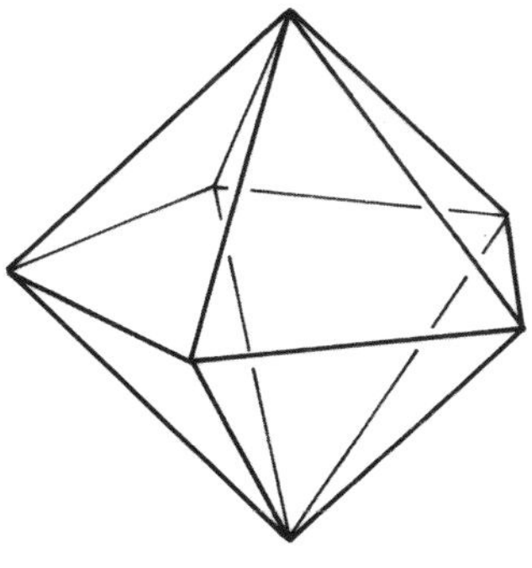

5-Dipyramide

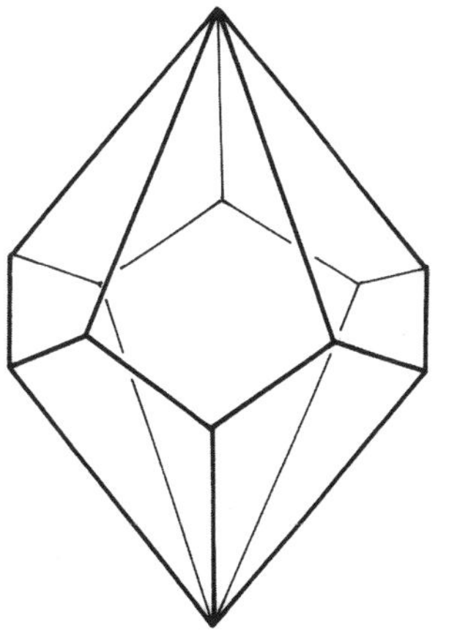

5-Strepoeder

Abb. 5.6: *Beispiele dualarchimedischer Polyeder mit Achsensymmetrie*

LITERATURHINWEIS

Adam/Wyss [1984], Aschkinuse [1969], Böhm/Quaisser [1991], Cromwell [1997], Cundy/Rollett [1961], Fejes Toth [1965], Gerretsen/Vredenduin [1967], Holden [1971], Kepler [1939], Meier [1976], Pugh [1976], Roman [1987], Toepell [1991], Wenninger [1971], [1983], Ziegler [1998]

6
EINFACHE UND DOPPELTE TORSIONSPOLYEDER

(Ueli Wittorf)

Mit der Entdeckung der Beweglichkeit des Oktaeders, das sich durch einen Drehschwung, auch Verdrehung oder Torsion genannt, über das Ikosaeder zum Kuboktaeder öffnet und wieder zum Oktaeder schließt, hat Richard Buckminster Fuller in den vierziger Jahren des 20. Jahrhunderts der Geometrie der Polyeder einen neuen Impuls gegeben.

Angeregt durch das bewegliche Oktaeder stellt sich die Frage, ob andere geometrische Körper aus der Reihe der Platonischen und Archimedischen Polyeder (Kapitel 5) existieren, in denen eine ähnliche Beweglichkeit schlummert, welche entsprechend als mechanisch realisierbares Modell bewegt werden können.

EINFACHE TORSIONSPOLYEDER

Durch Untersuchung an konkreten Raummodellen stellt sich heraus, dass zwei geometrische Bedingungen bei einem Platonischen oder Archimedischen Körper zutreffen müssen, damit sie sich durch eine Verdrehung öffnen lassen, also verdrehbare Polyeder oder *einfache Torsionspolyeder* werden können:

1. In allen Körperecken treffen sich vier Flächen.
2. Die sich in einer Körperecke gegenüber liegenden Flächen sind kongruent.

Diese Bedingungen sind in drei Fällen erfüllt: Wenn sich in einer Körperecke zwei gegenüber liegende Dreiecke treffen

(a) mit zwei weiteren Dreiecken, was beim Oktaeder der Fall ist (Abb. 6.1), oder
(b) mit zwei Quadraten, was beim Kuboktaeder der Fall ist (Abb. 6.5), oder
(c) zwei Fünfecken, was beim Ikosidodekaeder der Fall ist (Abb. 6.7).

Oktaeder, Kuboktaeder und Ikosidodekaeder sind gerade die Kerne, die sich bei der Durchdringung der drei Dualpaare der Platonischen Körper bilden (Kapitel 16).

Die von Buckminster Fuller am einfachen Torsionsoktaeder (Abb. 6.1) erstmals beobachtete hin- und herschwingende Torsionsbewegung ist mit einem Wechsel von Ausdehnen und Zusammenziehen verbunden, die auch als Atmungsbewegung aufgefasst werden kann. Beim Einatmen oder *Öffnen* der Körper bilden sich, zunächst von jeder Körperecke ausgehend, Spalten aus zwei an ihren Basen zusammen stoßenden gleichschenkligen Dreiecken (Abb. 6.1, 6.5, 6.7). In dem Moment, in welchem diese Basen die Kantenlänge der festen Dreiecke (oder Quadrate, Fünfecke) erreicht haben, sind diese Dreiecke auch gleichseitig. Aus jeder Körperecke des Grundkörpers haben sich so zwei neue Dreiecke gebildet. Es ist der Zustand eines Platonischen oder Archimedischen Polyeders entstanden, da der Körper jetzt aus lauter regelmäßigen Vielecken besteht.

Beim weiteren Öffnen verschmelzen schließlich die wieder gleichschenklig gewordenen Dreiecke zu Quadraten. Das Torsionspolyeder hat seine größte Ausdehnung erreicht und ist mit seinen offenen Quadraten im Zustand eines anderen Archimedischen Polyeders.

Wird die Schwing- oder Torsionsbewegung weitergeführt, so zieht sich der Körper wieder zusammen und der Moment des ersten Platonischen oder Archimedischen Körpers wird ein zweites Mal durchlaufen.

Ist dieser Körper ein Platonisches Polyeder, hier insbesondere ein Ikosaeder, so haben die verschiedenen Torsionen keinen Einfluss auf die Gestalt des Köpers, sondern nur auf dessen Orientierung oder Lage im Raum, da ein solcher nur aus gleichseitigen regulären Vielecken, hier insbesondere Dreiecken, besteht (Abb. 6.1, 6.2). Ist dieser Körper dagegen ein Archimedisches Polyeder, so führen die beiden Torsionsrichtungenen auf Polyeder unterschiedlicher Verdrehung, insbesondere auf links- und rechtsverdrehte abgeschrägte Hexaeder und abgeschrägte Dodekaeder (Abb. 6.5, 6.6, 6.7, 6.10), die nicht durch eine blosse Drehung im Raum ineinander übergeführt werden können, deren Verschiedenheit also nicht nur auf unterschiedliche Orientierungen im Raume zurückführbar ist wie beim Ikosaeder (Abb. 6.1). Sie können nur durch eine zusätzliche Spiegelung an einer Ebene zur Deckung gebracht werden. Es handelt sich jedoch bei diesen Paaren von gegeneinander verdrehten Körpern nur um jeweils einen Typ von Archimedischen Körpern, da die Definition dieser Körper keine Rücksicht auf die Verdrehung (oder die Orientierung im Raume) nimmt.

Ist ein einfaches Torsionspolyeder geschlossen, so ist durch seine Mechanik festgelegt, in welche Richtung es geöffnet werden kann; nämlich in jene Richtung, aus der es geschlossen wurde. Der «Atmungsprozess» ist also zur Ruhe gekommen und muss in umgekehrter Richtung neu beginnen.

DOPPELTE TORSIONSPOLYEDER

Denken wir uns nun zwei gleich große einfache Torsionspolyeder ineinander gebaut, das eine mit einer Möglichkeit zur Rechtsverdrehung, das andere mit einer Möglichkeit zur Linksverdrehung, und lassen wir sie sich gleichzeitig öffnen. Der Verwandlungskreis wird somit von beiden Seiten gleichzeitig begonnen und durchlaufen, bis sich die Flächen der beiden Torsionspolyeder wieder decken. Auf diese Weise ergibt sich ein *doppeltes Torsionspolyeder*. Technisch wird man erstens die aufeinander liegenden Flächen in ihren Schwerpunkten locker zusammennieten und zweitens jede *außen* liegende Flächenecke mit einer benachbarten *innen* liegenden Flächenecke gelenkig verbinden.

Die aufeinander liegenden Dreiecke (oder Quadrate, Fünfecke) werden beim Öffnen in entgegengesetzte Richtungen verdreht, so dass sie zusammengeschaut sternförmige Flächen zeigen, welche Vielecke mit doppelter Eckenzahl aufspannen (Sechsecke, Achtecke oder Zehnecke). An den Körperecken öffnen sich wachsende Quadrate (oder Dreiecke, Fünfecke). Sobald die erstgenannten Sterne eine regelmäßige Form angenommen haben, sind alle Kanten des aufgespannten Körpers gleich lang. Der Grundkörper ist jetzt abgestumpft und in den meisten Fällen ein Archimedischer Körper (siehe zum Beispiel Abb. 6.2). Öffnet man das doppelte Torsionspolyeder noch etwas mehr, und betrachtet die ineinander liegenden Körper unabhängig voneinander, so erkennt man weitere Archimedische Körper aus der Verwandlungsreihe des einfachen Torsionspolyeders, die in einem bestimmten Moment als Polyederzwillinge auftauchen: Ikosaeder (Abb. 6.2), abgeschrägtes Hexaeder (Abb. 6.6) und abgeschrägtes Dodekaeder (Abb. 6.10). In größter Ausdehnung decken sich die aufeinander liegenden Flächen, dabei ergibt sich wieder ein Platonischer oder Archimedischer Körper.

Welche Bedingungen müssen für das Funktionieren eines doppelten Torsionspolyeders zutreffen, das ganz geöffnet und ganz geschlossen werden kann? Die einfachen Torsionspolyeder funktionieren auch als doppelte Torsionspolyeder. Für die weiteren doppelten Torsionspolyeder zeigt sich empirisch, dass neben dem Oktaeder auch alle übrigen Platonischen Körper, also Tetraeder, Würfel, Ikosaeder und Dodekaeder als doppelte Torsionspolyeder funktionieren können, da dort ebenfalls in jeder Ecke nur regelmässige kongruente Vielecke zusammenkommen.

Damit ergibt sich, dass sieben verschiedene Polyeder als doppelte Torsionspolyeder geöffnet werden können: die fünf Platonischen Körper, das Kuboktaeder und das Ikosidodekaeder (siehe Tabelle 6.1 auf S. 44).

VERWANDLUNGSREIHEN DER EINFACHEN UND DOPPELTEN TORSIONSPOLYEDER

VOM KUBOKTAEDER ÜBER DAS IKOSAEDER ZUM OKTAEDER

Aus dem Kuboktaeder entsteht das einfachste Torsionspolyeder. Als Netzmodell gebaut besteht es aus 8 Dreiecken und 6 quadratischen Maschen (offene Seitenflächen). Es kann über das Ikosaeder zu einem geschlossenen Oktaeder zusammengezogen werden (Abb. 6.1). Deshalb soll es *einfaches Torsionsoktaeder* genannt werden. Mit umgekehrter Schwungrichtung oder Torsion kann das geschlossene Oktaeder über ein anders im Raum liegendes Ikosaeder zurück zum offenen Kuboktaeder ausgedehnt werden.

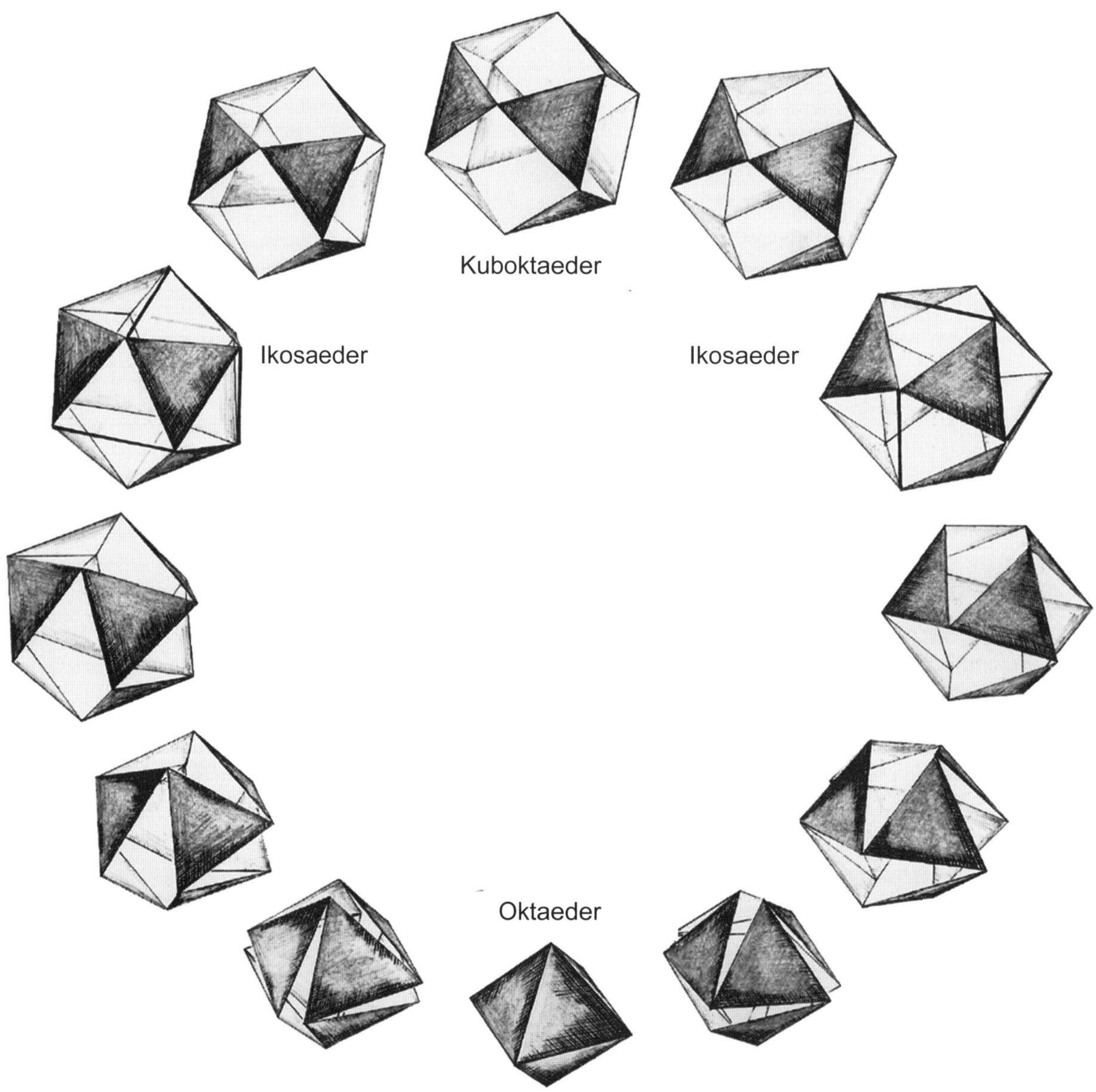

Abb. 6.1: *Verwandlungsreihe des einfachen Torsionsoktaeders mit Ikosaeder*

VOM KUBOKTAEDER ZUM DOPPELTEN OKTAEDER

Wenn man zwei einfache Torsionsoktaeder (Abb. 6.1) ineinander baut, so hat man als offenes Polyeder ein Kuboktaeder. Es besteht aus 8 Dreiecken als Doppelflächen und aus 6 offenen Quadraten. Dieses doppelte Torsionspolyeder kann sich «absteigend» zum doppelt geschlossenen Oktaeder entwickeln (Abb. 6.2). Es wird deshalb *doppeltes Torsionsoktaeder* genannt.

Beim Verdrehen der Dreiecksflächen des sich zusammenziehenden offenen Kuboktaeders verdoppeln sich die 12 Körperecken und bilden zunächst unregelmäßige Sechssterne, welche Sechsecke aufspannen. Die Kanten der Sechsecke wachsen, während sich die Kanten der offenen Quadrate verkürzen. In dem Moment, in welchem die Sechsecke eine regelmäßige Form annehmen, sind alle aufgespannten Kanten gleich lang: das Polyeder ist ein Archimedischer Körper, ein Oktaederstumpf.

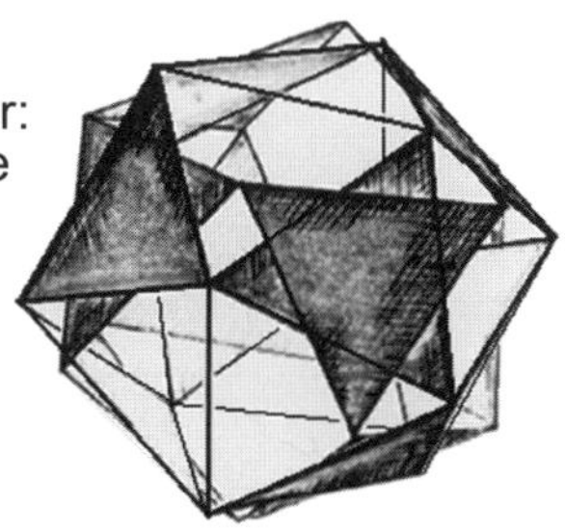

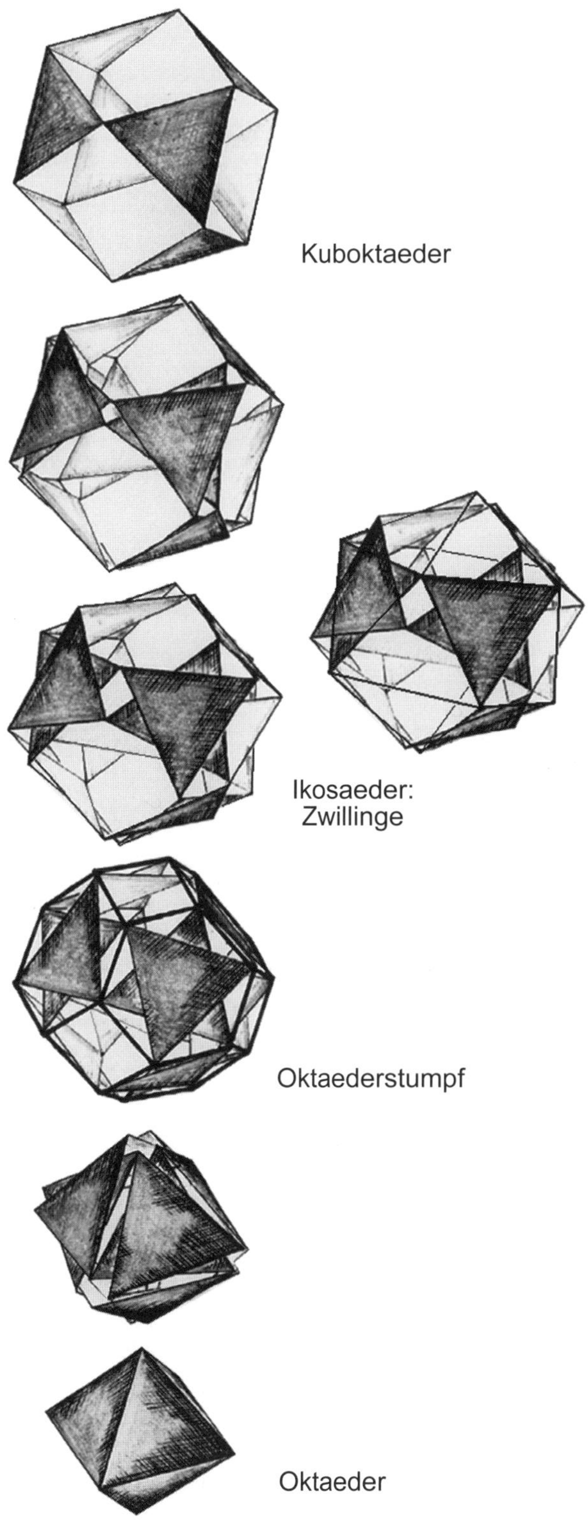

Abb. 6.2: *Verwandlungsreihe des doppelten Torsionsoktaeders mit Oktaederstumpf*

Beim Zusammenziehen des Modells zum doppelt geschlossenen Oktaeder verschwinden die Quadrate mit ihren 24 Kanten. An ihrer Stelle liegen jetzt die 6 Körperecken des Oktaeders.

Bei dieser Verwandlung oder Zusammenziehung können die beiden ineinander liegenden einfachen Torsionsoktaeder auch als zwei gekoppelte Gebilde einzeln verfolgt werden: Bevor sie gemeinsam den Oktaederstumpf zeigen, entdeckt man zwei sich durchdringende Ikoaeder in unterschiedlicher Lage im Raum (siehe dazu auch Abb. 6.1, 6.11). Der entsprechende Ikosa-eder-Zwilling ist in Abbildung 6.2 in zwei identischen Versionen links und rechts hinzugestellt, mit unterschiedlicher Hervorhebung der beteiligten Ikosaeder.

VOM OKTAEDER ZUM DOPPELTEN TETRAEDER

Werden beim Oktaeder anstatt alle 8 Flächen wie im vorangehenden Falle (Abb. 6.2) nur 4 der 8 Dreiecke mit Doppelflächen besetzt, so erhält man ein weiteres doppeltes Torsionspolyeder, das sich beim Verdrehen der Flächen zu einem doppelt geschlossenen Tetraeder zusammenzieht (Abb. 6.3). Es wird *doppeltes Torsionstetraeder* genannt.

Beim Verdrehen der Dreiecke des sich zusammenziehenden offenen Oktaeders verdoppeln sich die 6 Körperecken und es bilden sich zu den 12 Oktaederkanten 6 weitere, während die offenen Dreiecke sich verkleinern. Sobald ihre Kanten durch regelmäßige Sechsecke aus den benachbarten Flächen aufgespannt werden, liegt der Tetraederstumpf als Archimedischer Körper vor. Er besitzt 18 Kanten. Das Zusammenziehen endet, indem die 4 offenen Dreiecke mit ihren 12 Kanten verschwinden und in den 4 Körperecken eines geschlossenen doppelten Tetraeders zusammen fallen.

Man beachte, dass das einfache Oktaeder mit vier offenen Seitenflächen als mechanisches Modell stabil ist und deshalb nicht direkt in ein Tetraeder verdreht werden kann.

Bei der Verdrehung des Oktaeders mit 4 doppelt besetzten Seitenflächen verlieren die Flächen der einzelnen Oktaeder ihren jeweiligen Zusammenhang untereinander und kommen erst am Ende, beim doppelten Tetraeder, wieder zusammen. Deshalb können auch die einzelnen Okateder nicht separat in ihrem Übergang zum Tetraeder (mechanisch) verfolgt werden. Die drehbare Vernietung (nicht eingezeichnet) der Doppelflächen in ihren Schwerpunkten und die gelenkige Verbindung der außen liegenden Flächenecken mit ihren benachbarten innen liegenden Flächenecken garantiert jedoch, dass das Modell nicht auseinanderfällt.

Abb. 6.3: *Verwandlungsreihe des doppelten Torsionstetraeders mit Tetraederstumpf*

VOM KUBOKTAEDER ZUM DOPPELTEN HEXAEDER

Beim Kuboktaeder des einfachen Torsionsoktaeders (Abb. 6.1) sind alle quadratischen Seitenflächen offen. Schliesst man umgekehrt die quadratischen Seitenflächen und lässt die dreieckigen offen, so entsteht ein mechanisch stabiles Modell, das nicht direkt in ein Hexaeder verdreht werden kann.

Das doppelte Torsionspolyeder jedoch mit 6 Quadraten als Doppelflächen und 8 offenen Dreiecken (Abb. 6.4) kann sich ausgehend vom offenen Kuboktaeder absteigend zum geschlossenen Hexaeder (Würfel) entwickeln. Dieses Torsionspolyeder wird *doppeltes Torsionshexaeder* genannt.

Beim Verdrehen der Quadrate des sich zusammenziehenden offenen Kuboktaeders bilden sich zunächst unregelmäßige Achtsterne, welche Achtecke aufspannen. Die 12 Körperecken verdoppeln sich und spannen 12 neue Kanten auf, während die offenen Dreiecke sich verkleinern. Sobald alle Kanten gleich lang sind, ergibt sich der Hexaederstumpf (Würfelstumpf) als Archimedischer Körper. Durch weiteres Schließen verkleinern sich die Dreiecke, bis sie mit ihren 24 Kanten ganz verschwinden und zu 8 Körperecken eines doppelten geschlossenen Würfels werden.

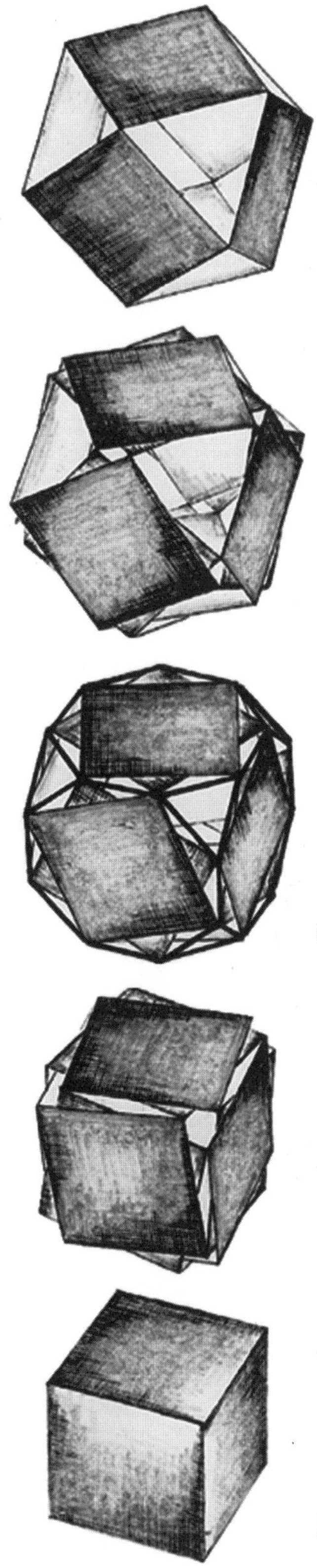

Kuboktaeder

Hexaederstumpf

Hexaeder

Abb. 6.4: *Verwandlungsreihe des doppelten Torsionshexaeders mit Hexaederstumpf*

VOM RHOMBENKUBOKTAEDER ÜBER DAS ABGESCHRÄGTE HEXAEDER ZUM KUBOKTAEDER

Ein zweites einfaches Torsionspolyeder besteht in seiner offenen Form aus einem Netz von 8 Dreiecken und 6 Quadraten eines Rhombenkuboktaeders, welche über ihre Ecken beweglich verbunden sind und quadratische Maschen (offene Seifenflächen) haben. Es kann zu einem geschlossenen Kuboktaeder zusammengezogen werden und wird deshalb *einfaches Torsionskuboktaeder* genannt (Abb. 6.5).

Werden die hier offenen Seitenflächen des Rhombenkuboktaeders geschlossen und die geschlossenen geöffnet, so ensteht ein mechanisch stabiles Modell, das erstens nicht verdreht werden kann und deshalb kein einfaches Torsionspolyeder sein kann, und zweitens auch nicht durch eine Verdoppelung zu einem doppelten Torsionspolyeder gemacht werden kann.

Am aufgespannten offenen Rhombenkuboktaeder stellt man Quadrate mit verschiedenen Aufgaben fest. Durch leichtes Verdrehen der gegenüberliegenden Flächen bildet sich je nach Torsion das links- oder rechtsverdrehte abgeschrägte Hexaeder (Cubus simus), die durch reine Drehungen nicht zur Deckung gebracht werden können (siehe S. 33). Beginnt man umgekehrt die Verdrehung oder Torsion ausgehend vom geschlossenen Kuboktaeder, so endet sie nach größter Ausweitung im offenen Rhombenkuboktaeder erst wieder im geschlossenen Kuboktaeder, um in entgegengesetzter Richtung neu zu beginnen.

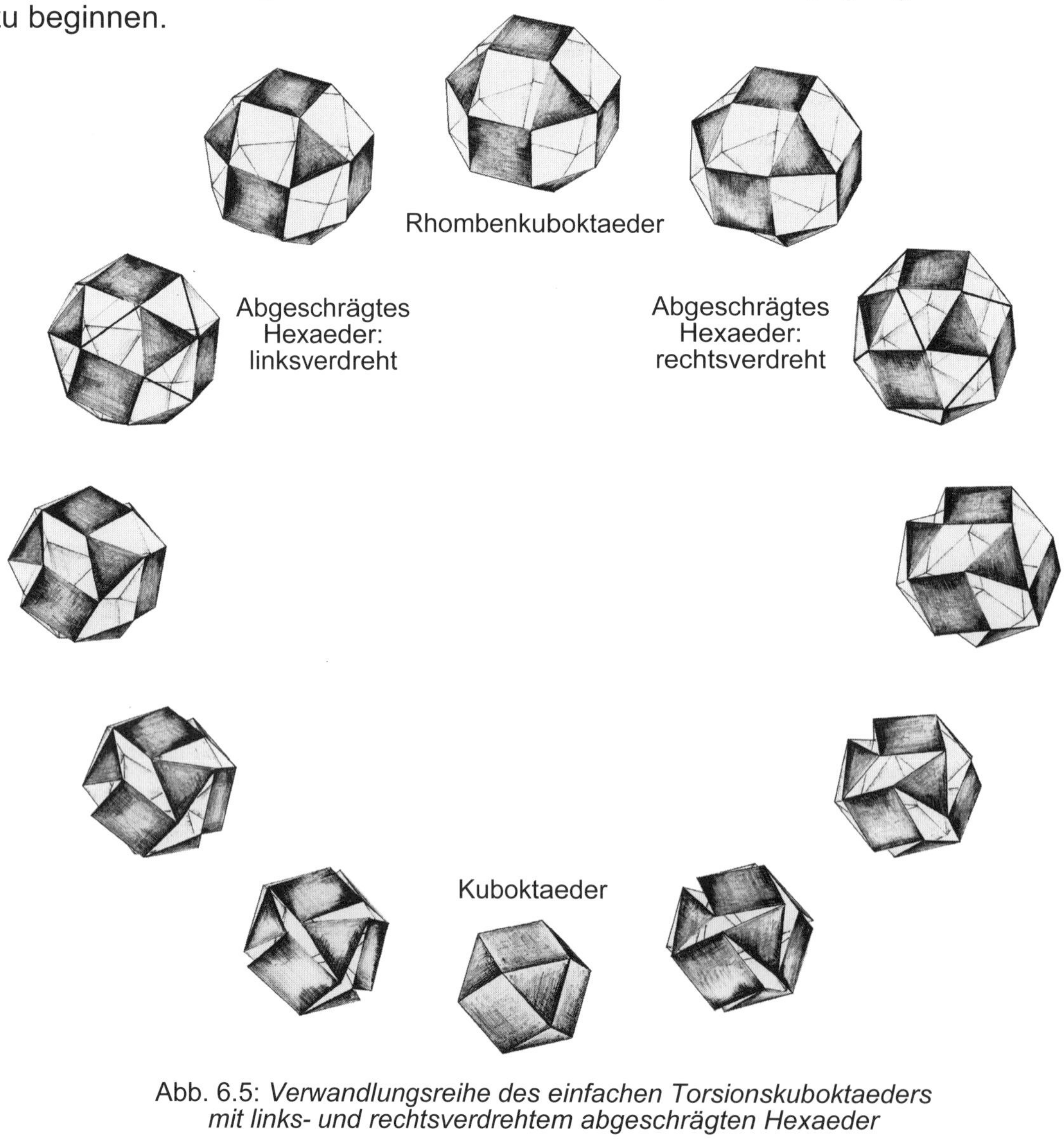

Abb. 6.5: *Verwandlungsreihe des einfachen Torsionskuboktaeders mit links- und rechtsverdrehtem abgeschrägten Hexaeder*

VOM RHOMBENKUBOKTAEDER ZUM DOPPELTEN KUBOKTAEDER

Am *doppelten Torsionskuboktaeder*, das sich vom geschlossenen doppelten Kuboktaeder zum offenen Rhombenkuboktaeder ausdehnt, sind sowohl die 6 Quadrate wie auch die 8 Dreiecke doppelt, das heißt alle Flächen sind geschlossen (Abb. 6.6).

Beim Verdrehen aller Flächen des sich ausdehnenden geschlossenen doppelten Kuboktaeders öffnen sich aus den 12 Körperecken Rechtecke und die aufeinander liegenden Flächen bilden Sterne, welche sich zu Sechsecken und Achtecken entwickeln. Es gibt einen Moment, in dem alle aufgespannten Kanten (fast) gleich lang sind und annähernd ein Archimedischer Körper mit 48 Ecken entsteht: der Kuboktaederstumpf. Der Archimedische Kuboktaederstumpf wird gebildet durch 6 Achtecke, 8 Sechsecke und 12 Quadrate.

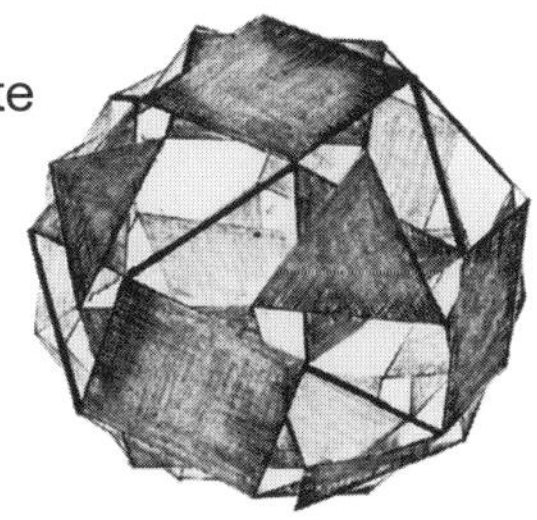

Der in dieser Verwandlungsreihe vorliegende Körper hat dagegen 12 (offene) Rechtecke. Nach fortgesetztem Verdrehen der Flächen (Quadrate und Dreiecke) liegen diese schließlich wieder deckend aufeinander und die 12 offenen Quadrate haben nun die gleiche Größe wie die 6 geschlossenen; sie haben aber nicht gleichartige Nachbarflächen.

Auch bei dieser Verwandlung können die beiden miteinander verwobenen einfachen Torsionskuboktaeder als zwei gekoppelte Gebilde einzeln verfolgt werden. Sie machen nach dem zusammengezogenen Zustand des einfach geschlossenen Kuboktaeders gleichzeitig das Stadium des links- und rechtsverdrehten abgeschrägten Hexaeders durch, die sich gegenseitig durchdringen (siehe dazu auch Abb. 6.5, 6.11). Der entsprechende Zwilling aus den zwei gegenseitig verdrehten abgeschrägten Hexaedern ist in Abbildung 6.6 in zwei identischen Versionen links und rechts hinzugestellt, mit unterschiedlicher Hervorhebung der beteiligten Polyeder.

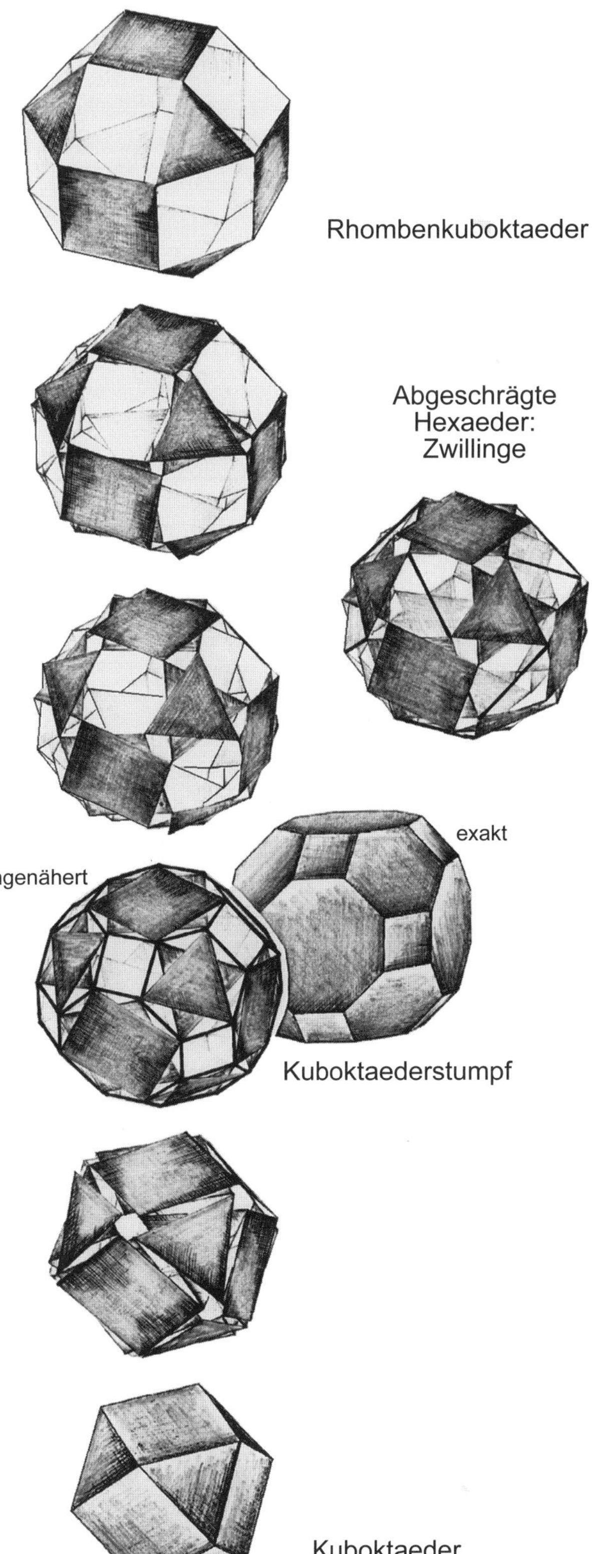

Abb. 6.6: *Verwandlungsreihe des doppelten Torsionskuboktaeders mit Kuboktaederstumpf*

VOM RHOMBENIKOSIDODEKAEDER ÜBER DAS ABGESCHRÄGTE DODEKAEDER ZUM IKOSIDODEKAEDER

Die offene Gestalt des dritten der einfachen Torsionspolyeder ist das Rhombenikosidodekaeder, das sich zum Ikosidodekaeder schließen lässt. Es wird deshalb *einfaches Torsionsikosidodekaeder* genannt (Abb. 6.7). Das räumliche Netz des Rhombenikosidodekaeders besteht aus 20 Dreiecken und 12 Fünfecken, welche 30 quadratische Maschen umschließen.

Werden die hier offenen Seitenflächen des Rhombenikosidodekaeders geschlossen und die geschlossenen geöffnet, so ensteht ein mechanisch stabiles Modell, das erstens nicht verdreht werden kann und deshalb kein einfaches Torsionspolyeder sein kann, und zweitens auch nicht durch eine Verdoppelung zu einem doppelten Torsionspolyeder gemacht werden kann.

Das einfache Torsionsikosidodekaeder öffnet sich ausgehend vom Ikosidodekaeder durch Verdrehen gegenüberliegender Flächen zum Rhombenikosidodekaeder, um sich bei fortgesetzter Verdrehung wieder zum Ikosidodekaeder zu schließen. In der Nähe der größten Ausdehnung wird der flächenreichste Archimedische Körper, das abgeschrägte Dodekaeder, sowohl in seiner linksverdrehten als auch in seiner rechtsverdrehten Variante durchlaufen.

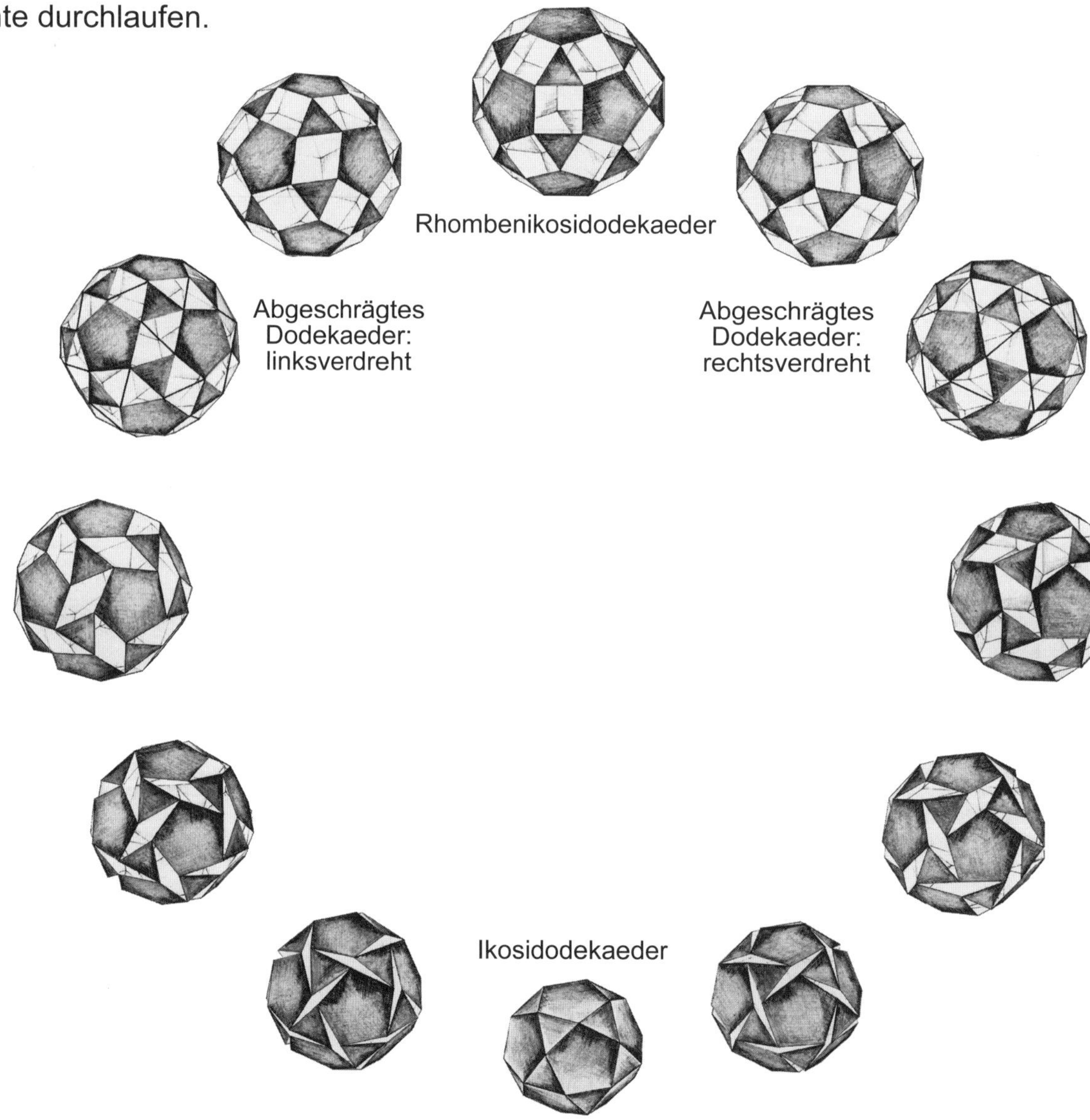

Abb. 6.7: *Verwandlungsreihe des einfachen Torsionsikosidodekaeders mit links- und rechtsverdrehtem abgeschrägten Dodekaeder*

VOM IKOSIDODEKAEDER ZUM DOPPELTEN IKOSAEDER

Das Ikosaeder taucht beim einfachen Torsionsoktaeder auf dem Weg vom Kuboktaeder zum Oktaeder auf (Abb. 6.1) und zwar mit 8 geschlossenen und 12 offenen Seitenflächen (Dreiecken). Hier werden nun alle 20 dreieckigen Seiten mit Doppelflächen bedeckt. Das entsprechende Torsionspolyeder wird *doppeltes Torsionsikosaeder* genannt (Abb. 6.8).

Da am Ikosaeder in den 12 Körperecken 5 Dreiecke zusammenstoßen, werden beim sich öffnenden Verdrehen der 20 Dreiecke des geschlossenen doppelten Ikosaeders regelmäßige Fünfecke aufgespannt. Dabei verlieren die Dreiecke der jeweiligen Ikosaeder ihren Zusammenhang.

Zu den 30 Kanten des Ikosaeders kommen durch Verfünffachung der 12 Ecken 60 Kanten dazu. Sobald die durch die Dreiecke gebildeten 20 Sechsecke regelmäßig sind, ergibt sich der Ikosaederstumpf als Archimedischer Körper. Er hat 60 Ecken, 90 Kanten, und seine Oberfläche besteht aus 20 Sechsecken und 12 Fünfecken.

Durch weiteres Verdrehen der aufeinander liegenden Dreiecke vergrößern sich die Fünfecke bis die Kanten der Dreiecke wieder aufeinander zu liegen kommen, und das in seinen Fünfecksflächen offene Ikosidodekaeder als Archimedischer Körper erreicht ist. Der Volumenunterschied vom Ikosidodekaeder zum Ikosaeder ist besonders groß.

Das Ikosidodekaeder, nur aus Dreiecken gebaut, ist nicht stabil, es fällt in sich zusammen. Erst nachdem die Dreiecksflächen des doppelten Torsionsikosaeders etwas verdreht werden, wird sein Halt im Raum aufgebaut.

Das Ikosidodekaeder mit offenen fünfeckigen Seitenflächen ist in seiner einfachen Version nicht verdrehbar und deshalb nicht direkt in ein Ikosaeder verwandelbar.

Abb. 6.8: *Verwandlungsreihe des doppelten Torsionsikosaeders mit Ikosaederstumpf*

VOM IKOSIDODEKAEDER ZUM DOPPELTEN DODEKAEDER

Das Ikosidodekaeder ist in der Version mit geschlossenen fünfeckigen Seitenflächen und offenen dreieckigen Flächen mechanisch stabil und deshalb nicht verdrehbar.

Werden jedoch am Ikosidodekaeder in die 12 offenen Fünfecke doppelschichtig Fünfecke eingesetzt und die 20 Dreiecke offengelassen, so entsteht ein Raumkörper, der sich durch Verdrehung zu einem doppelten Dodekaeder schließen lässt (Abb. 6.9). Dies ist das *doppelte Torsionsdodekaeder*.

Beim Verdrehen der Fünfecke des sich zusammenziehenden offenen Ikosidodekaeders bilden sich stumpfeckige Zehnsterne, welche Zehnecke aufspannen. Die 30 Ecken des Ikosidodekaeders verdoppeln sich und bilden 30 neue Kanten, während sich die offenen Dreiecke verkleinern. Sind alle 90 aufgespannten Kanten gleich lang, ergibt sich der Dodekaederstumpf als Archimedischer Körper. Beim Schließen bis zum doppelten Dodekaeder verschwinden die 20 Dreiecke mit ihren 60 Kanten in den 20 Körperecken. Die relative Abnahme des Volumens ist bei dieser Verwandlung am kleinsten.

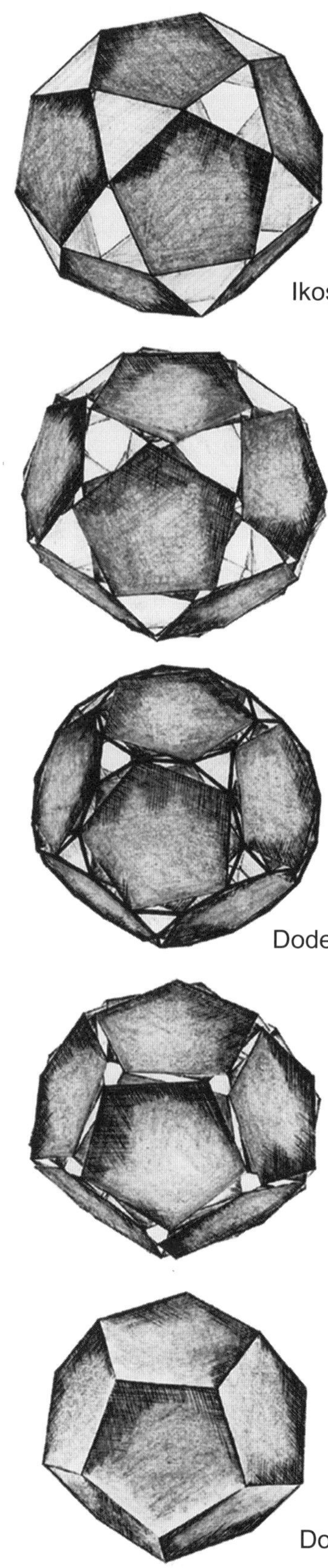

Abb. 6.9: *Verwandlungsreihe des doppelten Torsionsdodekaeders mit Dodekaederstumpf*

VOM RHOMBENIKOSIDODEKAEDER ZUM DOPPELTEN IKOSIDODEKAEDER

Am *doppelten Torsionsikosidodekaeder*, das sich vom geschlossenen doppelten Ikosidodekaeder zum offenen Rhombenikosidodekaeder entfaltet, sind alle 20 Dreiecke und 12 Fünfecke zweischichtig besetzt (Abb. 6.10).

Beim Verdrehen der Flächen des sich öffnenden doppelten Ikosidodekaeders entstehen aus den 30 Körperecken Rechtecke, und die gegeneinander verdrehten Flächen spannen 12 Zehnecke und 20 Sechsecke auf. Wenn alle benachbarten Flächenecken gegenseitig (fast) den gleichen Abstand aufweisen, ergibt sich annähernd ein Ikosidodekaederstumpf als Archimedischer Körper. Jedes der 30 Rechtecke dieses Körpers hat vier Ecken, und da sich die Rechtecke nicht berühren, hat er 120 Ecken.

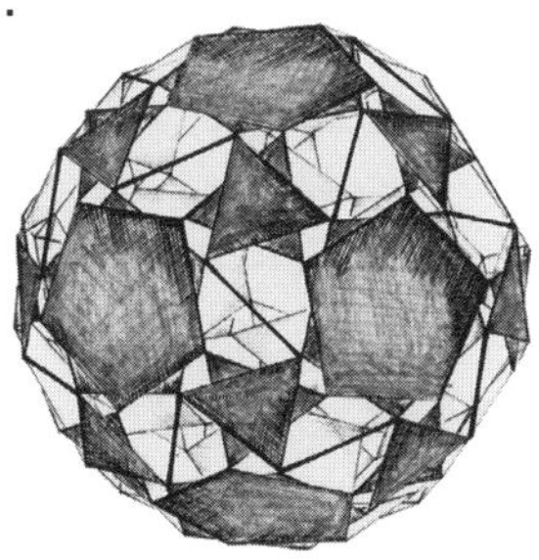

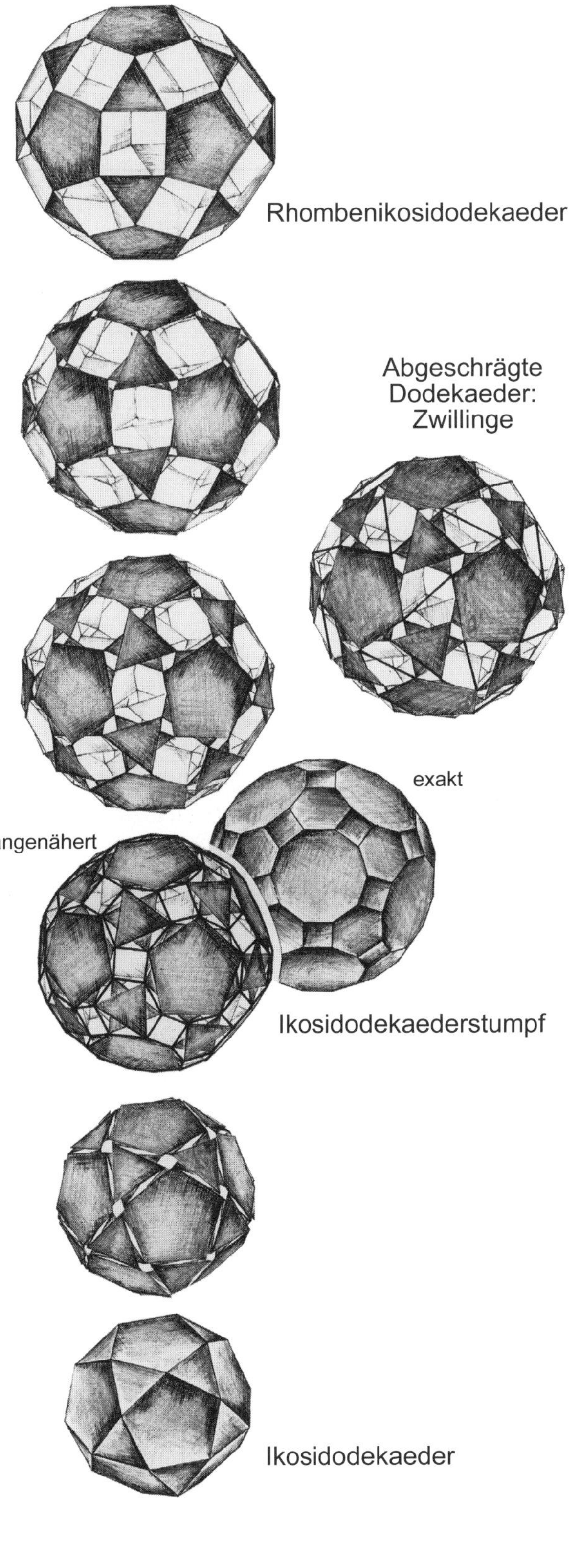

Nach fortgesetztem Verdrehen der Flächen liegen diese schließlich wieder deckend aufeinander. Die 30 offenen Quadrate haben nun Seiten mit der Länge der (ursprünglichen) Dreiecke und Fünfecke. Das entstehende offene Rhombenikosidodekaeder hat die drei einfachsten Vielecke auf sich vereint: seine Oberfläche wird gebildet aus 20 Dreiecken (vom Ikosaeder), 12 Fünfecken (vom Dodekaeder) und 30 Quadraten (was der Anzahl der Kanten sowohl des Ikosaeders wie auch des Dodekaeders entspricht).

Bei dieser Verwandlung gehören die beiden Schichten des doppelten Torsionsikosidodekaeders zwei einfachen, ineinander verwobenen Torsionsikosidodekaedern an. Diese machen in ihrer Torsion das Stadium des links- und des rechtsverdrehten abgeschrägten Dodekaeders durch (siehe dazu auch Abb. 6.7, 6.11). Der entsprechende Zwilling aus den zwei gegenseitig verdrehten abgeschrägten Dodekaedern ist in Abbildung 6.10 in zwei identischen Versionen links und rechts hinzugestellt, mit unterschiedlicher Hervorhebung der beteiligten Polyeder.

Abb. 6.10: *Verwandlungsreihe des doppelten Torsionsikosidodekaeders mit Ikosidodekaederstumpf*

ÜBERSICHT DER EINFACHEN UND DOPPELTEN TORSIONSPOLYEDER

Mit der Verwandlung der drei einfachen Torsionspolyeder sind zwei Platonische Körper (Oktaeder, Ikosaeder) und sechs Archimedische Körper verbunden (Abb. 6.1, 6.5, 6.7). In den Verwandlungsreihen der sieben doppelten Torsionspolyeder zeigen sich die drei übrigen Platonischen Körper (Tetraeder, Hexaeder, Dodekaeder) und je ein archimedisches abgestumpftes Polyeder. An dieser Stelle ist jedoch festzuhalten, dass der Öffnungsprozess des doppelten Kuboktaeders (Abb. 6.6) und des doppelten Ikosidodekaeders (Abb. 6.10) an den Ecken zunächst Rechtecke zeigt, welche erst beim Erreichen des voll geöffneten Körpers im Rhombenkuboktaeder bzw. Rhombenikosidodekaeder Quadratform annehmen. Deshalb entstehen hier in einem Zwischenstadium nur näherungsweise die Archimedischen Körper Kuboktaederstumpf und Ikosidodekaederstumpf.

Es gelingt also mit einfachen und doppelten Torsionspolyedern nicht nur die Platonischen Körper zu bilden, sondern auch fließende Übergänge zwischen ihnen zu finden und schließlich (fast) alle Archimedischen Körper zu durchlaufen (Tabelle 6.1). Ganz außerhalb dieser Verwandlungsreihen bleiben nur die rein achsensymmetrischen Formen (Prismen und Antiprismen).

Tabelle 6.1: Einfache und doppelte Torsionspolyeder

Name	**Zusammenziehung: geschlossener Körper**	**Archimedischer Zwischenkörper**	**Ausdehnung: offener Körper**
einfaches Torsionsoktaeder	Oktaeder	Ikosaeder	Kuboktaeder
doppeltes Torsionsoktaeder	Oktaeder	Oktaederstumpf	Kuboktaeder
doppeltes Torsionstetraeder	Tetraeder	Tetraederstumpf	Oktaeder
doppeltes Torsionshexaeder	Hexaeder (Würfel)	Hexaederstumpf	Kuboktaeder
einfaches Torsionskuboktaeder	Kuboktaeder	abgeschrägtes Hexaeder	Rhombenkuboktaeder
doppeltes Torsionskuboktaeder	Kuboktaeder	Kuboktaederstumpf (angenähert)	Rhombenkuboktaeder
einfaches Torsionsikosidodekaeder	Ikosidodekaeder	abgeschrägtes Dodekaeder	Rhombenikosidodekaeder
doppeltes Torsionsikosaeder	Ikosaeder	Ikosaederstumpf	Ikosidodekaeder
doppeltes Torsionsdodekaeder	Dodekaeder	Dodekaederstumpf	Ikosidodekaeder
doppeltes Torsionsikosidodekaeder	Ikosidodekaeder	Ikosidodekaederstumpf (angenähert)	Rhombenikosidodekaeder

TORSIONSSTAMMBAUM PLATONISCHER UND ARCHIMEDISCHER KÖRPER

Der Zusammenhang der einfachen und doppelten Torsionspolyeder mit den 5 Platonischen und den 13 Archimedischen Körper kann in einem Strukturschema, dem *Torsionsstammbaum* der Platonischen und Archimedischen Körper dargestellt werden (Abb. 6.11). Dabei zeigt sich, dass (fast) alle diese Polyeder in bestimmter Folge mit Hilfe von einfachen oder doppelten Torsionspolyedern auseinander entwickelt werden können.

Als Ausgangspunkte dieses Stammbaumes dienen drei Polyeder, bei denen sich Dreiecke mit Dreiecken, Quadraten oder Fünfecken kombinieren (Oktaeder, Kuboktaeder, Ikosidodekaeder). Es sind die Kerne der Dualpaare der Platonischen Körper (Kapitel 16). Absteigend führt das Oktaeder zum Tetraeder, das Kuboktaeder entweder zum Oktaeder oder zum Würfel, und das Ikosidodekaeder zum Ikosaeder oder zum Dodekaeder. Das Ikosaeder verbindet die beiden Äste. Aufsteigend entwickelt sich aus dem Oktaeder das Kuboktaeder, aus dem Kuboktaeder das Rhombenkuboktaeder, aus dem Ikosaeder das Ikosidodekaeder und aus dem Ikosidodekaeder das Rhombenikosidodekaeder.

Abb. 6.11: *Torsionsstammbaum der Platonischen und Archimedischen Polyeder*

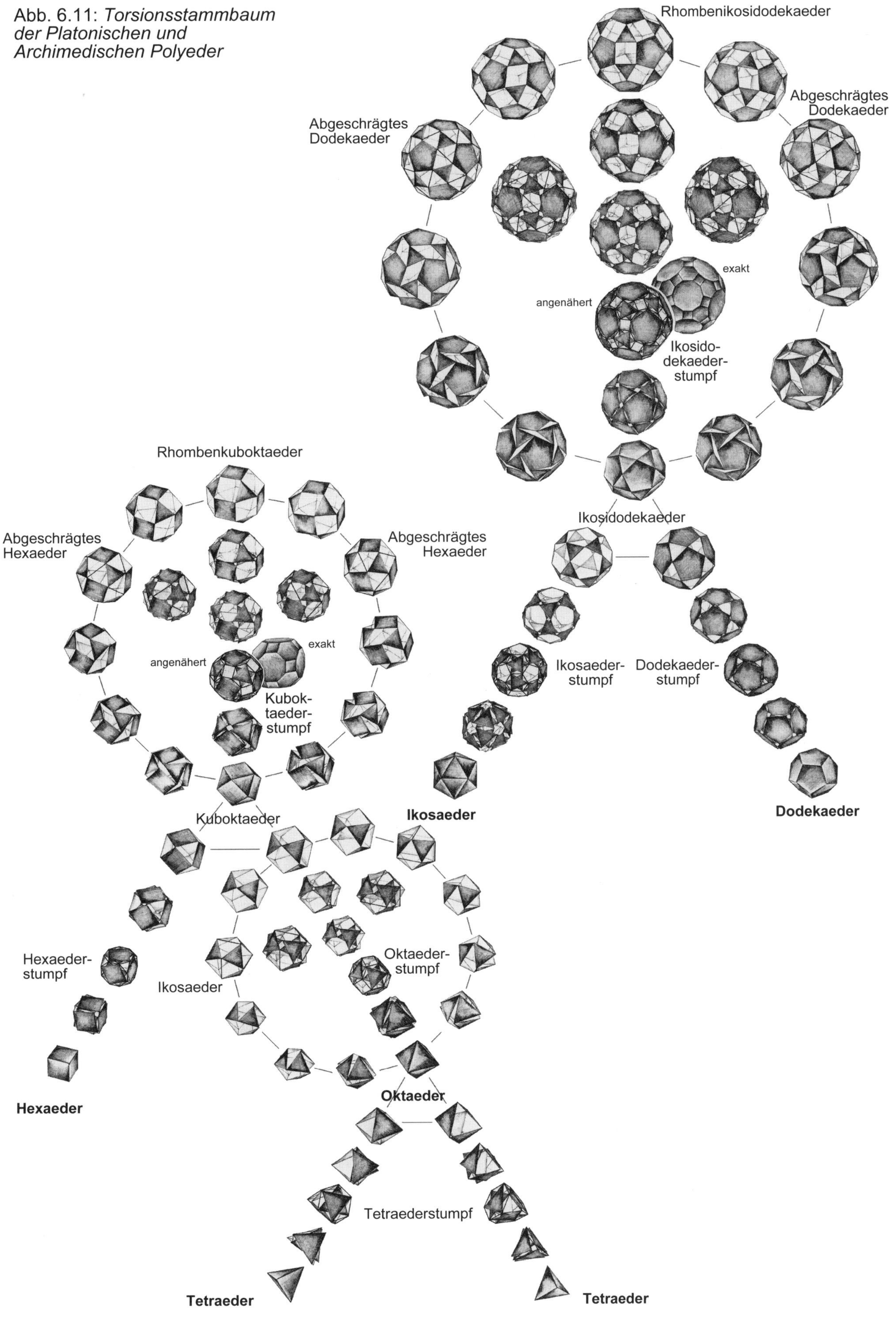

7

EINE ABLEITUNG DER ARCHIMEDISCHEN UND DUALARCHIMEDISCHEN POLYEDER

(Helmut Emde)

HOMOGENE POLYEDER

Die Platonischen Körper werden hier zunächst *Grundkörper* genannt, da es in diesem Kapitel nicht auf ihre metrischen (regulären) Eigenschaften ankommt, sondern nur auf die (topologischen oder kombinatorischen) Beziehungen der Ecken, Kanten und Flächen.

Aus dem Tetraeder, dem einfachsten Grundkörper des dreidimensionalen Raumes, lassen sich die anderen vier Grundkörper Hexaeder, Oktaeder, Dodekaeder und Ikosaeder durch wenige Operationen ableiten.

Die Strukturen dieser fünf Grundkörper, das heißt die Beziehungen zwischen ihren Elementen (Ecken, Kanten, Flächen) lassen sich mit der Strukturformel homogener Polyeder so beschreiben (Tabelle 7.1):

	Eckenzahl (p)	×	Ecken-Anschlußzahl (P)
=	Kantenzahl (k)	×	Kanten-Anschlußzahl (2)
=	Flächenzahl (f)	×	Flächen-Anschlußzahl (F)

Jeder dieser Grundkörper (Polyeder) heißt *homogen*, weil jedes Element einer Elementesorte an gleich viele Elemente einer anderen Sorte anschließt.

Bei Körpern ist die Kanten-Anschlußzahl immer gleich 2 (jede Kante besitzt 2 Ecken als Endpunkte und 2 Flächen als Seitenflächen). Dagegen unterscheiden sich im allgemeinen die Ecken- und die Flächen-Anschlußzahlen. Diese sind charakteristisch für homogene Polyeder.

Tabelle 7.1: *Srukturformeln für homogene Polyeder*

Körper	*Ecken-/Flächen-Anschlußzahl: P/F*	*p × P*	=	*k × 2*	=	*f × F*	=	*Gruppen-ordnung*
Tetraeder	3/3	4 × 3	=	6 × 2	=	4 × 3	=	12
Hexaeder	3/4	8 × 3	=	12 × 2	=	6 × 4	=	24
Oktaeder	4/3	6 × 4	=	12 × 2	=	8 × 3	=	24
Dodekaeder	3/5	20 × 3	=	30 × 2	=	12 × 5	=	60
Ikosaeder	5/3	12 × 5	=	30 × 2	=	20 × 3	=	60

Werden die homogenen Polyeder als reguläre Körper mit regulären Ecken und regulären Flächen ausgebildet, so besitzen sie die Symmetrien der Tetraederdrehgruppe, der Hexaederdrehgruppe oder der Ikosaederdrehgruppe. Die Anzahlen der verschiedenen Symmetrieoperationen dieser Drehgruppen ergeben sich jeweils aus den Produkten der Elementezahlen mit ihren Anschlußzahlen. Sie sind also jeweils gleich der doppelten Kantenzahl. Diese Anzahl heißt die *Ordnung* der jeweiligen Gruppe.

Wegen der «dualen» Entsprechung der Ecken- und Flächen-Anschlüsse

3/3	beim Tetraeder	
3/4	beim Hexaeder und	4/3 beim Oktaeder
3/5	beim Dodekaeder und	5/3 beim Ikosaeder

ergeben sich 3 Körperfamilien, deren Körper jeweils der gleichen Drehgruppe angehören:

Tetraederdrehgruppe	mit Ordnung 12
Hexaeder/Oktaederdrehgruppe	mit Ordnung 24
Dodekaeder/Ikosaederdrehgruppe	mit Ordnung 60

DIE ABLEITUNGSOPERATIONEN ZELTEN UND STUTZEN

Bei den sogenannten Ableitungsoperationen, die das Tetraeder in Hexaeder und Oktaeder sowie Dodekaeder und Ikosaeder überführen, handelt es sich um je zwei Operationen für das *Zelten* der Flächen (gleichbedeutend mit Entflachen) bzw. für das *Stutzen* der Ecken (gleichbedeutend mit Entecken), bei dem die Kantenzahlen der Körper sich jeweils verzweifachen oder verfünffachen. Man erkennt dies leicht an den Gruppen-Ordnungszahlen.

So ergeben sich aus dem Tetraeder beim

2-Zelten	das Hexaeder
2-Stutzen	das Oktaeder
5-Zelten	das Dodekaeder
5-Stutzen	das Ikosaeder.

Neben diesen 2 × 2 = 4 Ableitungsoperationen gibt es im Bereich der regulären Polyeder noch ein 3-Zelten (Abb. 7.1) und ein 3-Stutzen (Abb. 7.2), bei dem sich die Kantenzahlen verdreifachen. Beim 3-Zelten erhalten die abgeleiteten Körper dreiseitige Flächen, beim 3-Stutzen dreikantige Flächen.

Alle diese 2 × 3 = 6 Zelt- und Stutz-Operationen lassen sich in beliebiger Reihenfolge und beliebig oft nacheinander ausführen. Dabei entstehen immer Körper, die entweder eckenhomogen oder flächenhomogen sind, das heißt deren Ecken oder deren Flächen gleiche Anschlußzahlen besitzen (Abb. 7.3).

Nur die 5 Körper, die sich metrisch (in Längen- und Winkelmaßen) regulär ausbilden lassen, sind topologisch homogen (das heißt zugleich ecken- und flächenhomogen).

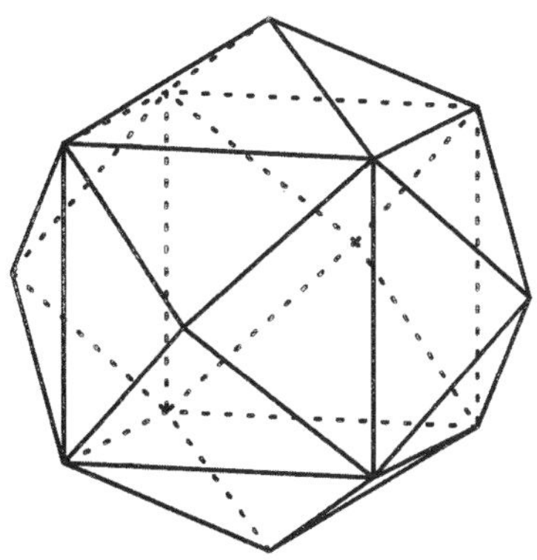

Abb. 7.1: *3-Zelten eines Hexaeders*

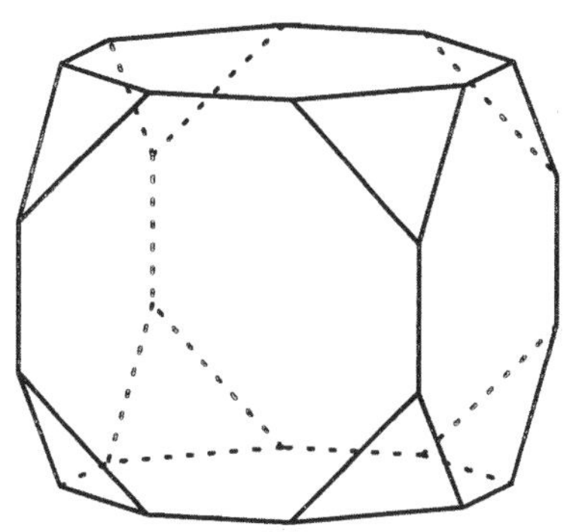

Abb. 7.2: *3-Stutzen eines Hexaeders*

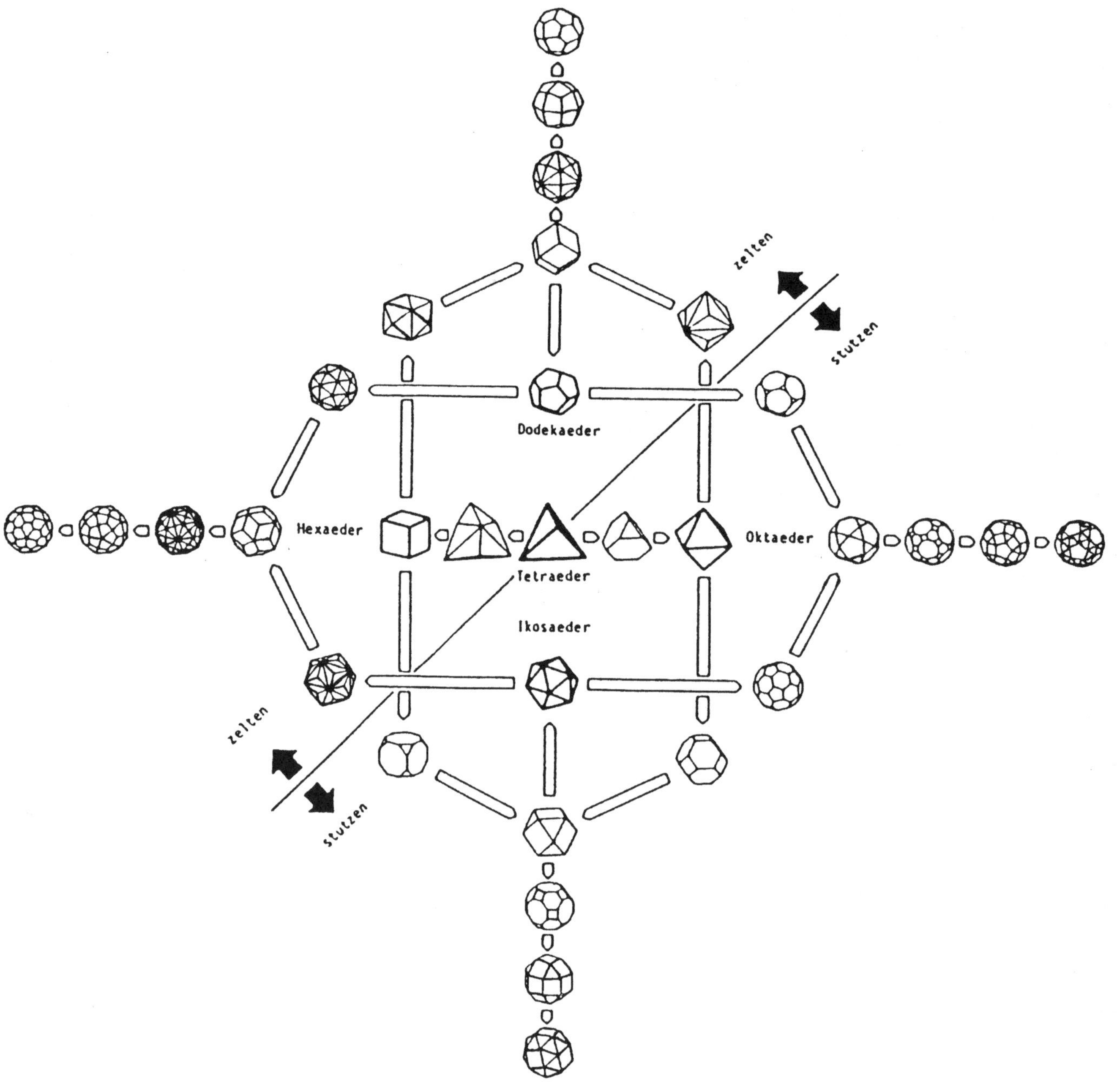

Abb. 7.3: *Prozessuale Entwicklung aller regulären und halbregulären Körper aus dem Tetraeder durch Stutzen (Entecken) oder Zelten (Entflachen)*

Regelmäßige Grundkörper und abgeleitete Körper	Gezeltete Körper	← "zelten" (entflachen)				Grund-körper	"stutzen" (entecken) →				Gestutzte Körper
Seitenzahl der Flächen / Kantenzahl der Ecken	5-seitig	4-seitig	3-seitig	4-seitig	3-seitig		3-kantig	4-kantig	3-kantig	4-kantig	5-kantig
Faktor der Kantenzahlen	5	4	6	2	3		3	2	6	4	5
Tetraeder-Gruppe	$T^5=D$	$T^4=HO^2$	$T^6=H^3$	$T^2=H$	T^3 TT^3	T TT	T_3 TT_3	$T_2=O$	$T_6=O_3$	$T_4=HO_2$	$T_5=I$
Kantenzahlen mit Grundfaktor 1 · 6 = 6	(30)	(24)	(36)	(12)	(18)	(6)	(18)	(12)	(36)	(24)	(30)
Hexaeder/Oktaeder-Gruppe	HO^5	HO^4	HO^6	HO^2	H^3 O^3	H O	H_3 O_3	HO_2	HO_6	HO_4	HO_5
Kantenzahlen mit Grundfaktor 2 · 6 = 12	(60)	(48)	(72)	(24)	(36)	(12)	(36)	(24)	(72)	(48)	(60)
Dodekaeder/Ikosaeder-Gruppe	DI^5	DI^4	DI^6	DI^2	D^3 I^3	D I	D_3 I_3	DI_2	DI_6	DI_4	DI_5
Kantenzahlen mit Grundfaktoren 5 · 6 = 30	(150)	(120)	(180)	(60)	(90)	(30)	(90)	(60)	(180)	(120)	(150)

Abb. 7.4: *Tabellarische Zusammenstellung der regulären und halbregulären Körper*

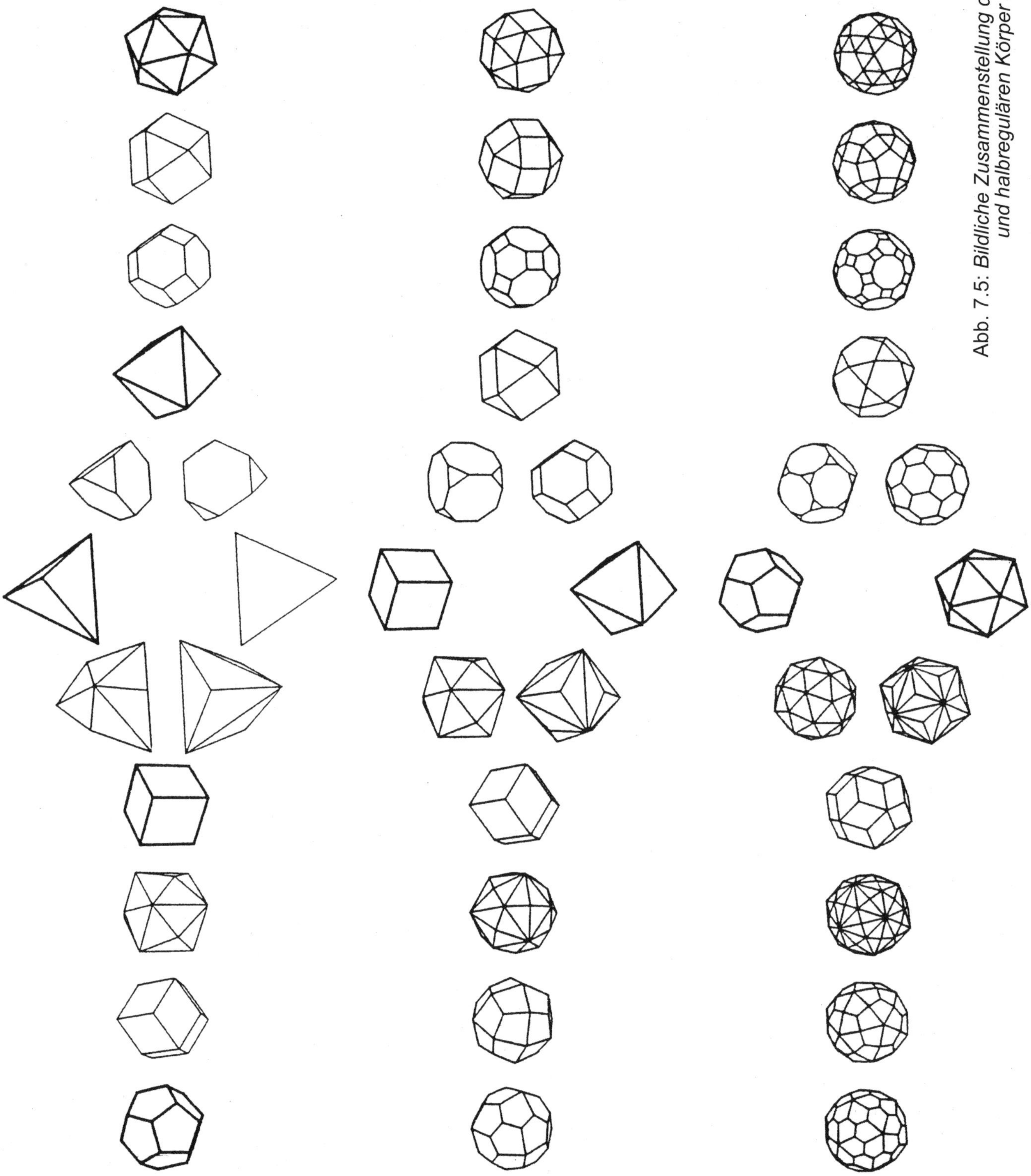

Abb. 7.5: *Bildliche Zusammenstellung der regulären und halbregulären Körper aus Abb. 7.4*

HALBREGULÄRE POLYEDER

Neben diesen 5 regulären Körpern gibt es je 13 Typen halbregulärer Körper mit regulären Ecken und homogenen Flächen bzw. mit regulären Flächen und homogenen Ecken.

Man nennt diese Derivate der 5 Platonischen Körper die 13 Catalanischen oder Dualarchimedischen bzw. die Archimedischen Körper.

In Abbildung 7.4 sind die regulären Körper durch ihre Anfangsbuchstaben T, H, O, D, I bezeichnet, die halbregulären Körper zusätzlich durch einen oberen bzw. unteren Index, der die betreffende Ableitungsoperation angibt. Die Doppelbuchstaben HO bzw. DI zeigen an, daß der betreffende halbreguläre Körper aus jedem der beiden regulären Grundkörper abgeleitet werden kann. Abbildung 7.5 zeigt die dazugehörigen Polyeder in Parallelprojektion.

Die Indizes 3 und 2 beschreiben einfache Grundoperationen, die Indizes 6 und 4 zweifache Grundoperationen ($2 \times 3 = 6$ bzw. $2 \times 2 = 4$), der Index 5 beschreibt eine komplexere Grundoperation.

Das 5-Zelten läßt sich jedoch aus dem 4-Zelten verstehen, das 5-Stutzen aus dem 4-Stutzen:

> Beim *5-Zelten* werden alle 4-kant-Ecken des 4-gezelteten Körpers, die über den Kanten des Ausgangskörpers liegen, in je zwei 3-kant-Ecken umgewandelt.
>
> Beim *5-Stutzen* werden alle 4-seit-Flächen des 4-gestutzten Körpers, die unter den Kanten des Ausgangskörpers liegen, in je zwei 3-seit-Flächen umgewandelt.

Bei HO^5 und HO_5 wie bei DI^5 und DI_5 sind jeweils 2 spiegelsymmetrische Formen (Links- und Rechtsform) der halbregulären Körper möglich.

Die vorstehende Beschreibung der Transformationsprozesse betrifft nur die Generierung der gewünschten Topologie (das heißt der reinen Anschluß-Verhältnisse von Ecken, Kanten und Flächen) homogener 5-kantiger Flächen beim Zelten bzw. homogener 5-kantiger Ecken beim 5-Stutzen.

Zur Generierung der gewünschten metrischen Verhältnisse regulärer Ecken beim 5-Zelten und regulärer Flächen beim 5-Stutzen müssen die erhaltenen Strukturen auf ihrer Kantenkugel (Ankugel) «zurecht gerückt» werden. Dabei erhält jeder flächenhomogene Körper wieder eine allen Flächen gemeinsame Flächenkugel (Inkugel), jeder eckenhomogene Körper wieder eine allen Ecken gemeinsame Eckenkugel (Umkugel).

So ergeben sich:

5 *Platonische Körper*
mit homogenen regulären Ecken
und homogenen regulären Flächen

13 *Catalanische* oder *Dualarchimedische Körper*
mit regulären Ecken
und homogenen Flächen

13 *Archimedische Körper*
mit homogenen Ecken
und regulären Flächen

Jeder eckenreguläre Körper besitzt eine Flächenkugel (Inkugel), welche alle Flächen berührt. Jeder flächenreguläre Körper besitzt eine Eckenkugel (Umkugel), die durch alle Ecken verläuft.

Jeder reguläre und halbreguläre Körper besitzt eine Kantenkugel (Ankugel), welche alle Kanten berührt.

Als einheitliches Größenprinzip in der bildlichen Zusammenstellung (Abb. 7.5) wurde daher für alle Körper der gleiche Radius der Kantenkugel gewählt.

Bei der Tetraeder-Gruppe sind einige Körper dünn gezeichnet: TT, TT^3 und TT_3 gehen durch Drehung oder Punktspiegelung aus T, T^3 bzw. T_3 hervor. T^6 und T^4 sowie T_6 und T_4 sind als Ableitungen HO^2 und H^3 sowie HO_2 und O_3 in der Hexaeder/Oktaeder-Gruppe aufgeführt.

Wie man aus der tabellarischen Zusammenstellung (Abb. 7.4, 7.5) leicht ersehen kann, sind die regulären Grundkörper Hexaeder, Oktaeder, Dodekaeder und Ikosaeder als abgeleitete Körper auch der Tetraeder-Gruppe zugehörig.

Die in Klammern beigefügte Kantenzahl jedes einzelnen Körpers ergibt sich jeweils als Produkt aus der Kantenzahl des Grundkörpers mit dem Index der Ableitungsoperation.

STUTZEN UND ZELTEN VON KANTEN

Entsprechend den beiden Transformations-Arten des Ecken-Stutzens und des Flächen-Zeltens gibt es noch zwei weitere Arten, bei denen das Ab-Stutzen nicht auf die Ecken und das Auf-Zelten nicht auf die Flächen bezogen wird, sondern beide auf die Kanten angewandt werden.

Als Bezeichnungen dieser beiden jeweils zweistufigen Ent-Kantungs-Prozesse mit den Kanten-Faktoren 4 und 2 kann man folgende Kürzel verwenden:

K^2 2er-Kanten-Zelten
K^4 4er-Kanten-Zelten

K_2 2er-Kanten-Stutzen
K_4 4er-Kanten-Stutzen

Die Entkantungsprozesse ergeben kristallographisch relevante Körperreihen.

ANMERKUNG DES HERAUSGEBERS

Die Ableitung der Archimedischen und Dualarchimedischen Polyeder aus den Platonischen Polyedern gemäß Kapitel 7 bezieht sich auf deren kombinatorisch-topologische Struktur, das heißt nur auf die Verknüpfung von Ecken, Kanten und Flächen. Eine systematische Ableitung der Dualarchimedischen aus den Platonischen und Archimedischen Polyedern und der Archimedischen aus den Platonischen und Dualarchimedischen Polyedern mit Berücksichtigung ihrer metrischen Verhältnisse befindet sich in Ziegler [1998], Kapitel 5.7.

LITERATURHINWEIS

Emde [1979], [1984]

8
GLEICHECKIGE POLYEDER

Läßt man bei den Archimedischen Polyedern die Bedingungen der Flächenregularität fallen, so ergeben sich die *isogonalen* oder *gleicheckigen Polyeder* (Abb. 8.5, 8.6).

Neben den 13 verallgemeinerten Archimedischen Polyedern, welche der Einfachheit halber dieselben Namen wie ihre Spezialformen erhalten, gibt es noch 5 weitere Arten von isogonalen Polyedern:

irregulärer Oktaederstumpf,
irreguläres Kuboktaeder,
irreguläres Ikosaeder,
irreguläres Rhombenkuboktaeder,
abgeschrägtes Tetraeder.

Dies sind «schiefe» Varianten der folgenden Archimedischen Polyeder:

Oktaederstumpf,
Kuboktaeder,
Ikosaeder,
Rhombenkuboktaeder,
Ikosaeder.

Zu den achsensymmetrischen n-Prismen und n-Antiprismen (n = 3, 4, 5, ...) kommen noch dazu: di-n-Eck Prismen, abgeschnittene n-Antiprismen, schiefe n-Antiprismmen (Abb. 8.7).

Die isogonalen Polyeder sind allein durch die Symmetrieäquivalenz der Ecken charakterisiert. Dies bedeutet, daß man sie sich durch eine Gruppe von Symmetrieoperationen erzeugt denken kann in folgender Weise: Man gehe etwa vom Symmetriegerüst der vollen Hexaedergruppe aus (Abb. 3.1). Jedes auf einer Hexaederfläche durch die Symmetrieebenen ausgeschnittene Dreieck enthält in seinen Ecken je eine 4-, 3-, und 2-zählige Symmetrieachse. Wählt man einen Punkt auf einer 4-zähligen Achse, und unterwirft diesen allen 48 Symmetrieoperationen dieser Gruppe, so erhält man genau die Ecken eines Oktaeders. Wählt man den Punkt auf einer 3-zähligen oder 2-zähligen Achse, so entstehen die Ecken eines Hexaeders bzw. Kuboktaeders. In den anderen vier möglichen Typen von Lagen des Punktes, insbesondere auf einer Symmetrieebene zwischen je zwei verschiedenen Symmetrieachsen (3 Lagetypen) oder auf keiner Symmetrieebene liegend (1 Lagetyp), entstehen kompliziertere Polyeder.

Eine Übersicht der auf diese Weise durch die sieben möglichen Lagetypen von Punkten relativ zum Symmetriegerüst der vollen Hexaedergruppe entstehenden Polyeder gibt Abbildung 8.1. Die entsprechende Figur für die Hexaederdrehgruppe zeigt Abbildung 8.2.

Enstsprechende Überlegungen lassen sich für die Symmetrien des Ikosaeders oder Dodekaeders, das heisst für die volle Ikosaedergruppe und ihr Symmetriegerüst (Abb. 3.6) durchführen. Auch hier gibt es bezüglich den 5-, 3- und 2-zähligen Symmetrieachsen sieben verschiedene Lagetypen für Punkte (je drei auf einer Symmetrieachse, je drei zwischen zwei Symmetrieachsen und einer zwischen allen drei Symmetrieachsen). Daraus ergeben sich die Metamorphosenreihen der Abbildungen 8.3 und 8.4.

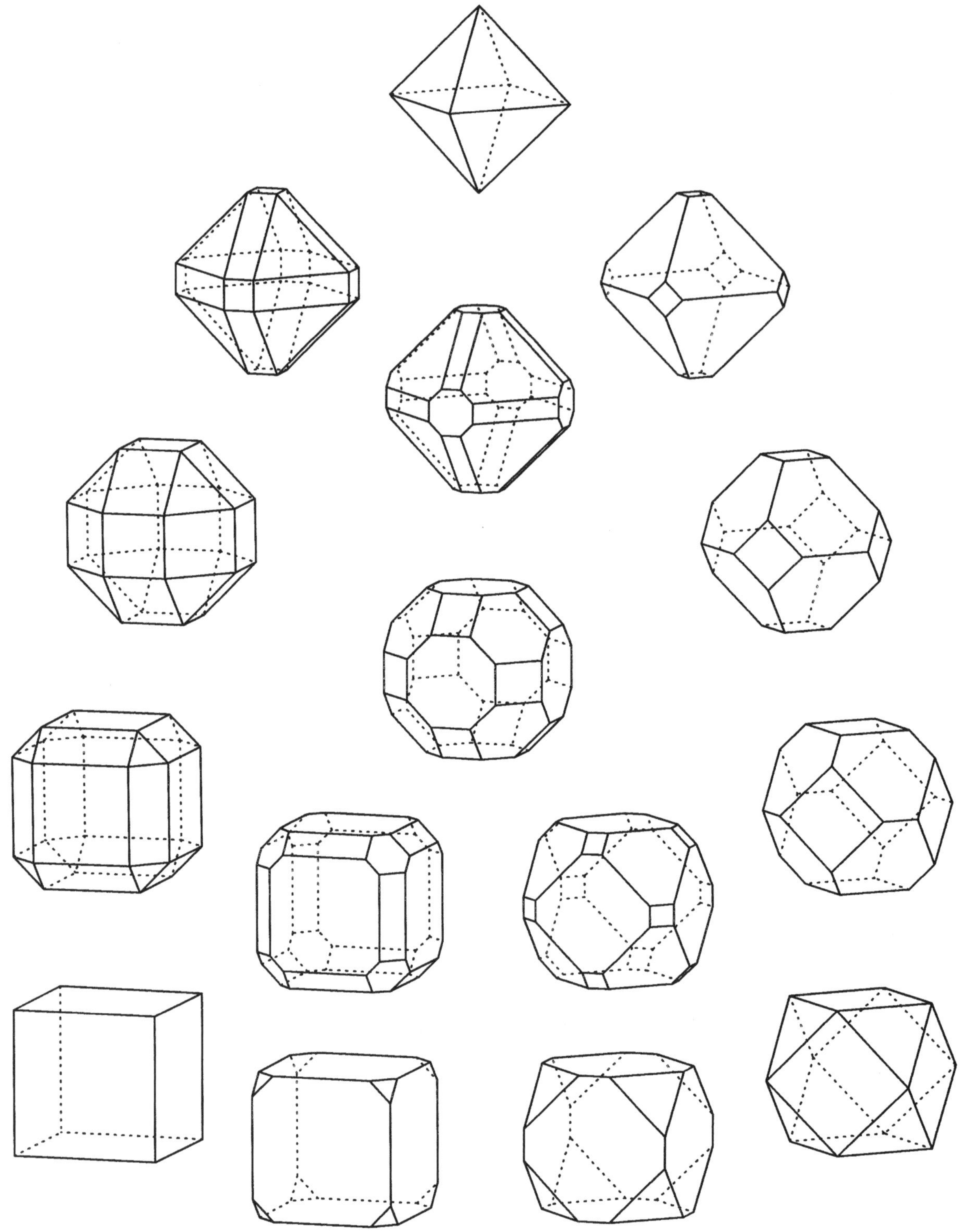

Abb. 8.1: *Metamorphose isogonaler Polyeder bezüglich der vollen Hexaedergruppe*

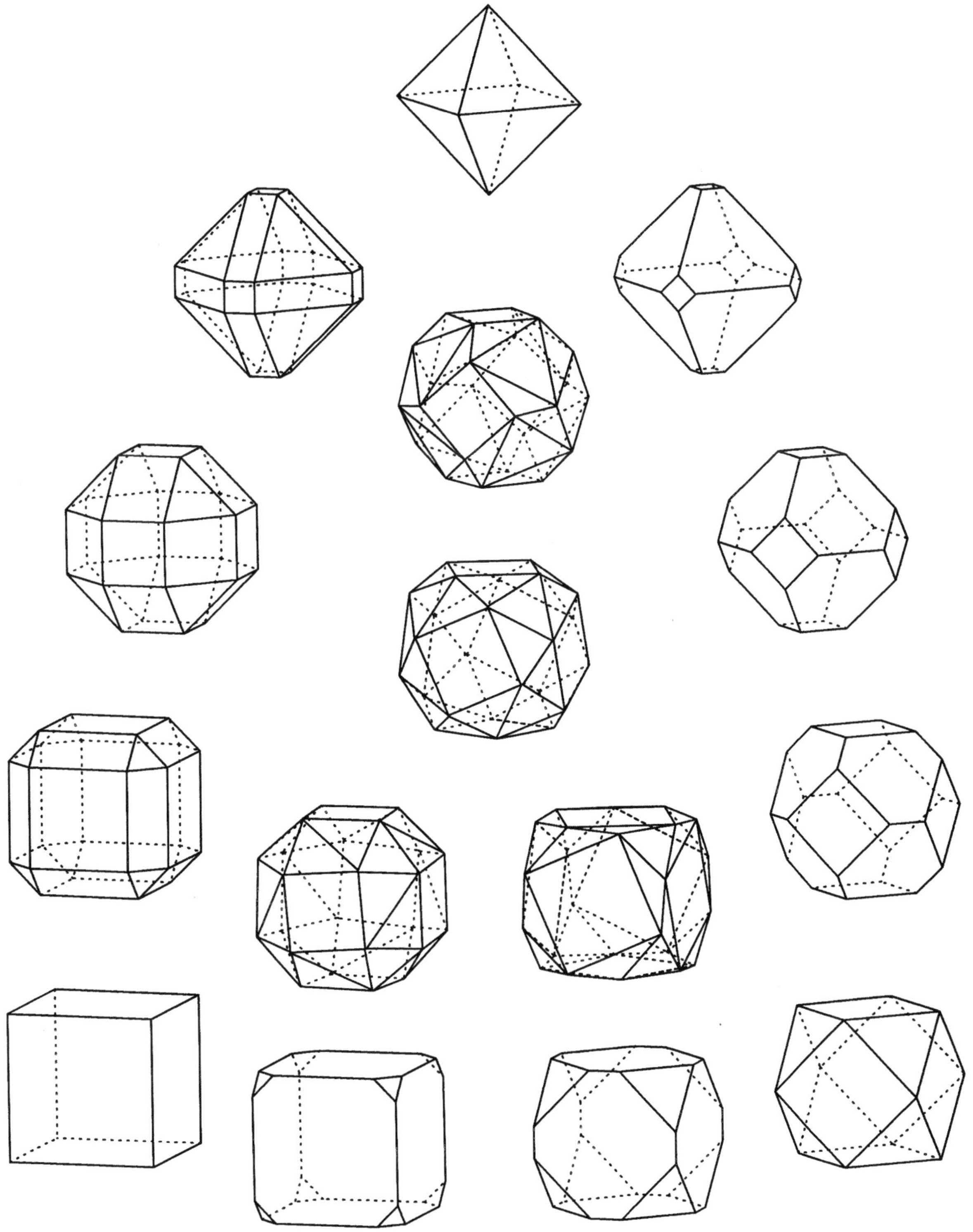

Abb. 8.2: *Metamorphose isogonaler Polyeder bezüglich der Hexaederdrehgruppe*

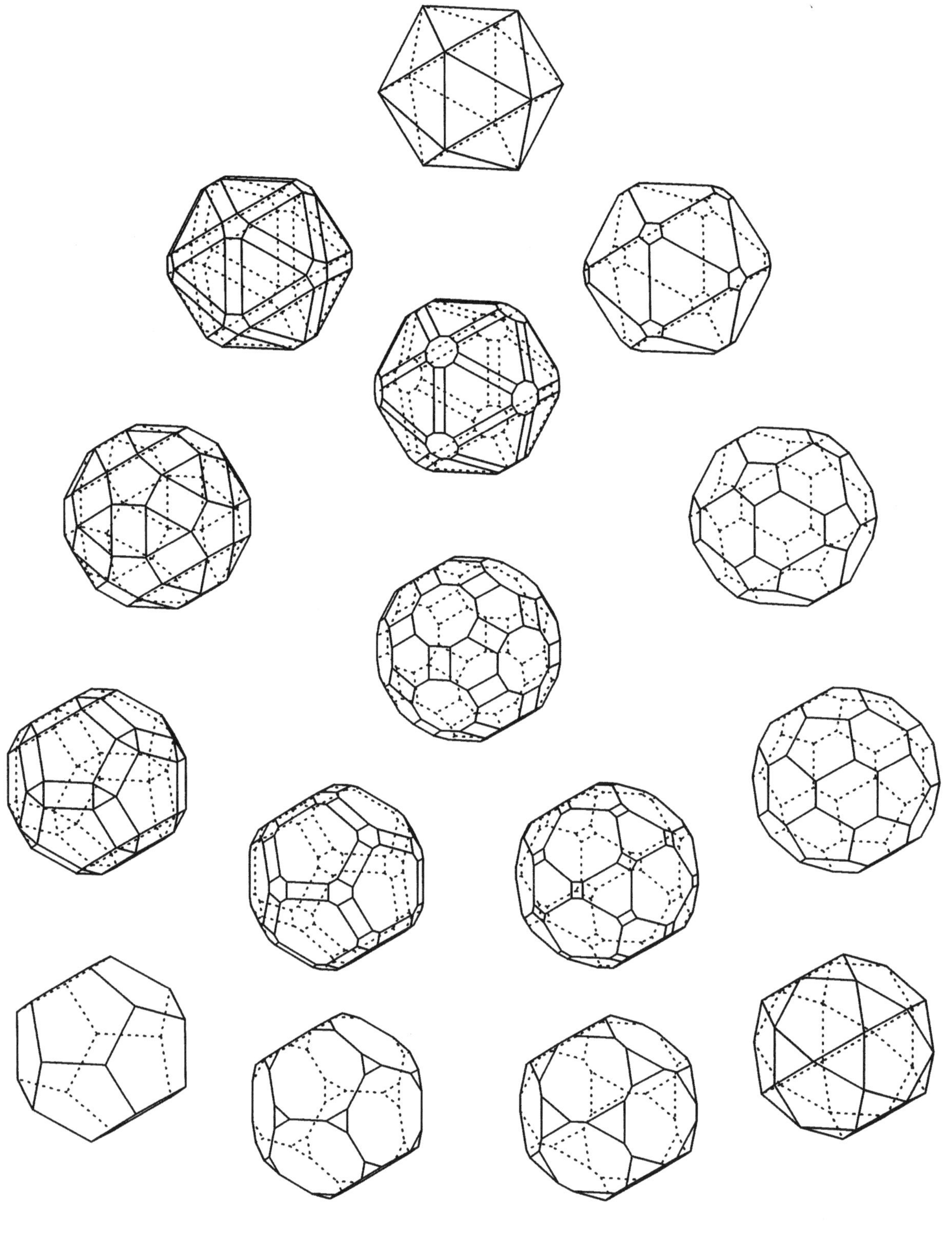

Abb. 8.3: *Metamorphose isogonaler Polyeder bezüglich der vollen Ikosaedergruppe*

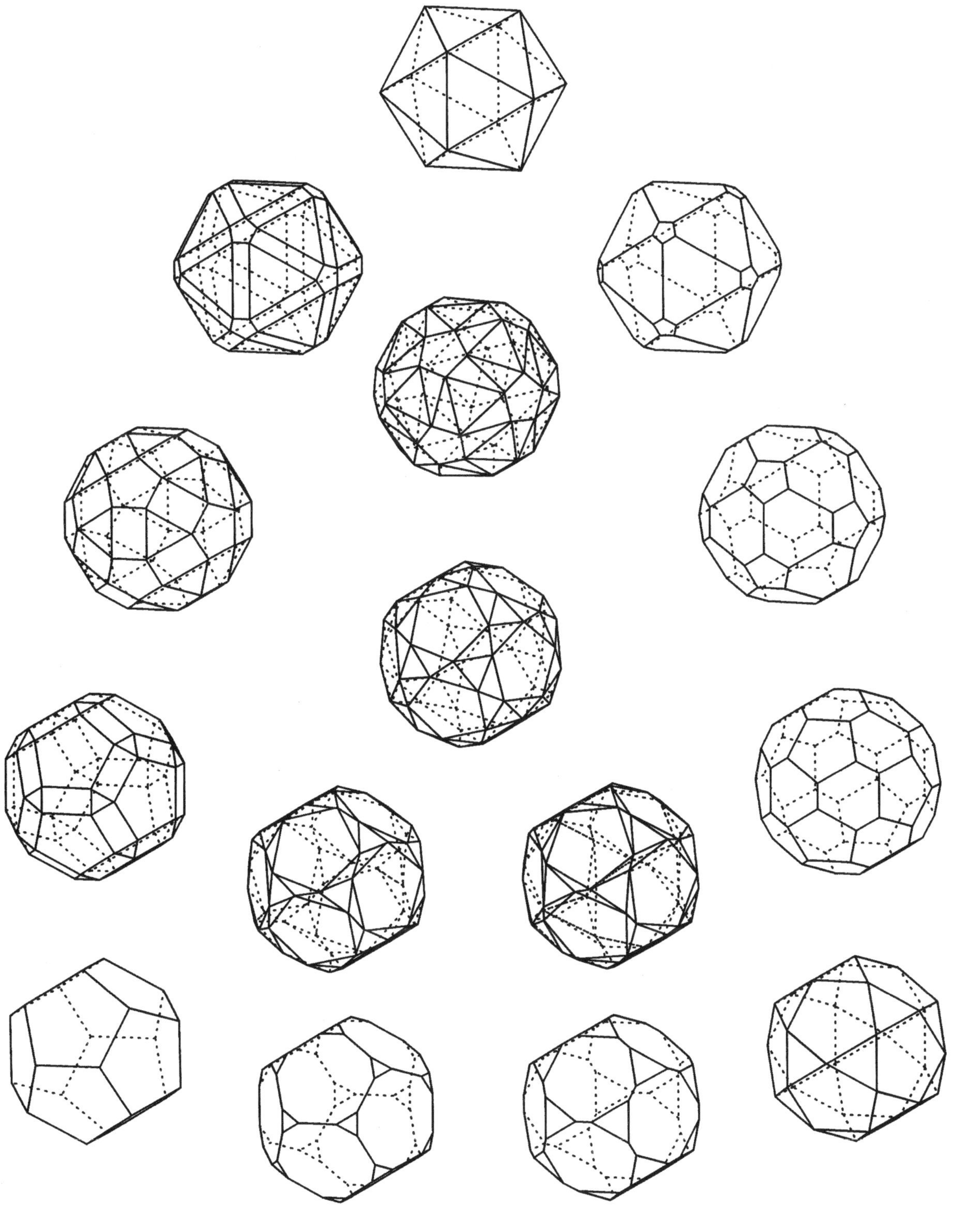

Abb. 8.4: *Metamorphose isogonaler Polyeder bezüglich der Ikosaederdrehgruppe*

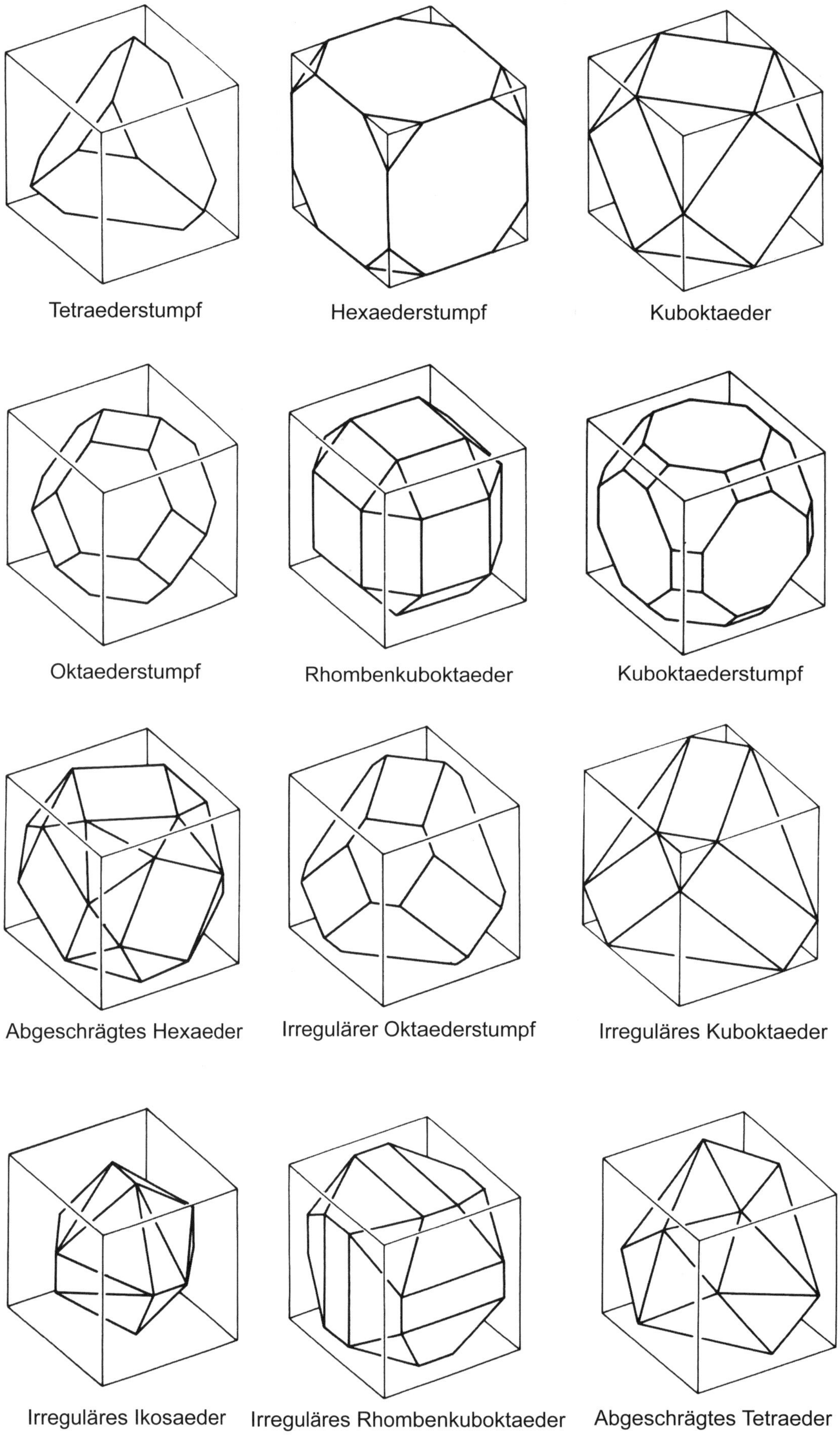

Abb. 8.5: *Isogonale Polyeder mit Hexaedersymmetrie*

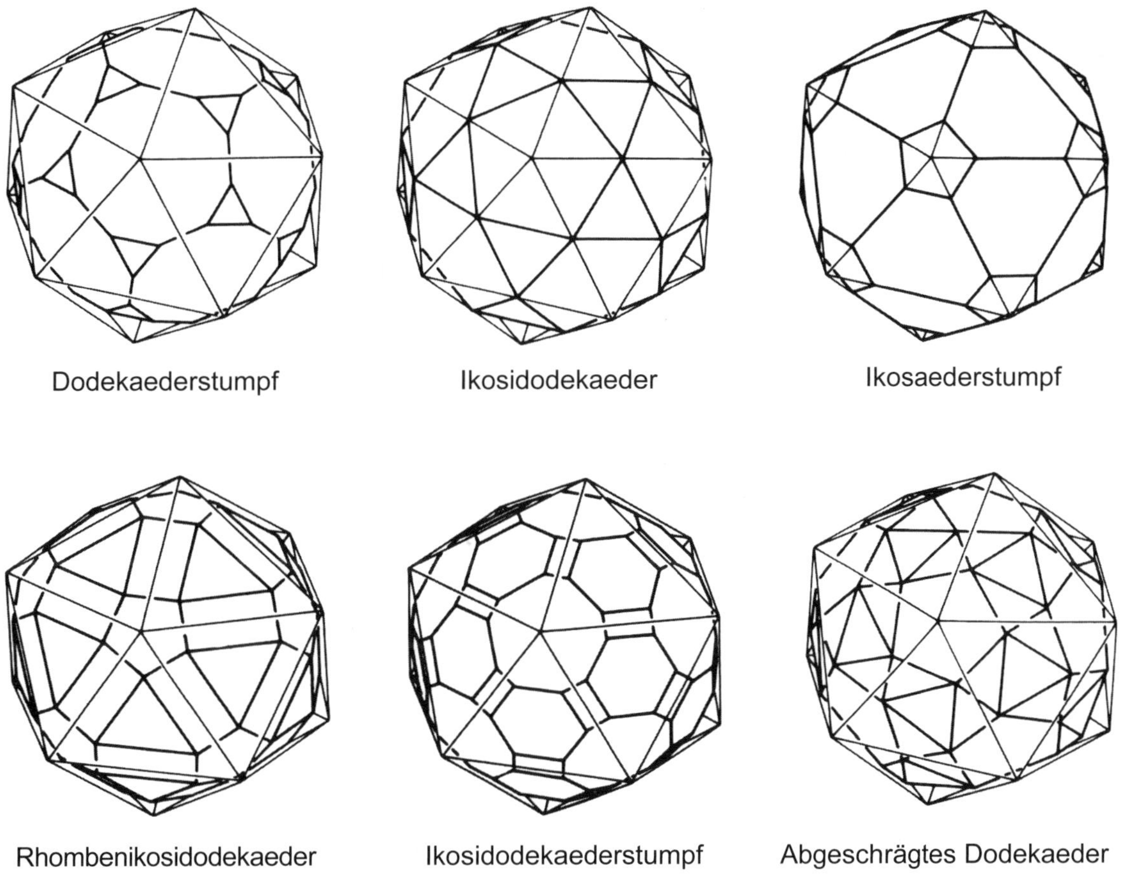

Abb. 8.6: *Isogonale Polyeder mit Ikosaedersymmetrie*

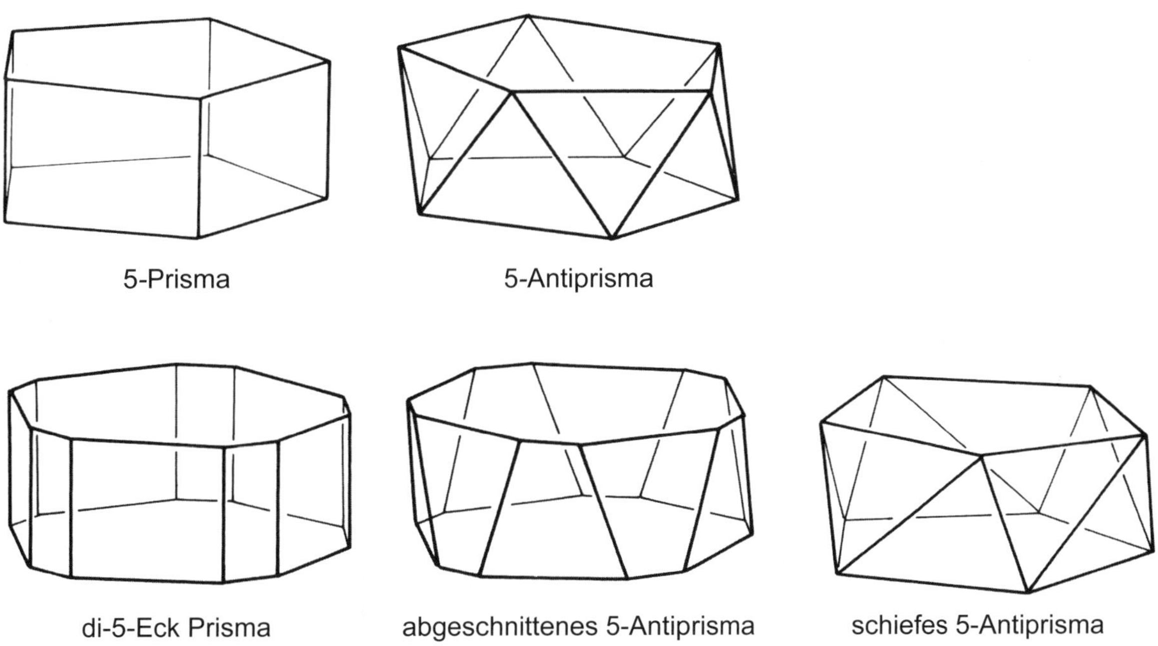

Abb. 8.7: *Beispiele isogonaler Polyeder mit Achsensymmetrie*

9
GLEICHFLÄCHIGE POLYEDER

Läßt man bei den Dualarchimedischen Polyedern die Bedingungen der Eckenregularität fallen, so ergeben sich die *isoedrischen* oder *gleichflächigen Polyeder* (siehe dazu auch die Abbildungen im Kapitel 12 sowie in Ziegler [1998], Kap. 5.3, 5.4).

Neben den 13 verallgemeinerten Dualarchimedischen Polyedern, welche der Einfachheit halber dieselben Namen wie ihre Spezialformen erhalten, gibt es noch 5 weitere Arten von isoedrischen Polyedern:

Hexakistetraeder,
Deltoiddodekaeder,
irreguläres Pentagondodekaeder,
Disdodekaeder,
tetraedrisches Pentagondodekaeder.

Dies sind «schiefe» Varianten der folgenden Dualarchimedischen Polyeder:

4-Pyramidenhexaeder,
Rhombendodekaeder,
Dodekaeder,
Deltoid-24flächner,
Dodekaeder.

Zu den achsensymmetrischen n-Dipyramiden und n-Streptoedern (n = 3, 4, 5, ...) kommen noch dazu: di-n-Seit-Dipyramiden, n-Skalenoeder, n-Trapezoeder (Abb. 9.2).

Die isoedrischen Polyeder sind allein durch die Symmetrieäquivalenz der Flächen charakterisiert. Dies bedeutet, daß man sie sich durch eine Gruppe von Symmetrieoperationen erzeugt denken kann in folgender Weise: Man gehe etwa vom Symmetriegerüst der vollen Hexaedergruppe aus (Abb. 3.1). Jedes auf einer Hexaederfläche durch die Symmetrieebenen ausgeschnittene Dreieck enthält in seinen Ecken je eine 4-, 3-, und 2-zählige Symmetrieachse. Wählt man eine Ebene senkrecht auf einer 4-zähligen Achse, und unterwirft diese allen 48 Symmetrieoperationen dieser Gruppe und schneidet die resultierenden Ebenen miteinander, so erhält man als Kern dieses Ebenengebildes genau ein Hexaeder. Wählt man die Ebene senkrecht auf einer 3-zähligen oder 2-zähligen Achse, so entstehen die Flächen eines Oktaeders bzw. Rhombendodekaeders. In den anderen vier möglichen Typen von Lagen der Ebene, insbesondere senkrecht auf einer Symmetrieebene zwischen je zwei verschiedenen Symmetrieachsen (3 Lagetypen) oder auf keiner Symmetrieebene senkrecht liegend (1 Lagetyp), entstehen kompliziertere Polyeder.

Eine Übersicht der so durch die sieben möglichen Lagetypen von Ebenen relativ zum Symmetriegerüst der vollen Hexaedergruppe entstehenden Polyeder gibt Abbildung 9.3. Die entsprechende Figur für die Hexaederdrehgruppe zeigt Abbildung 9.4.

In Abbildung 9.1 sind Repräsentanten der sieben möglichen (wesentlich verschiedenen) Typen von Positionen (Flächenlagen) einer Ebene relativ zu dem Symmetriegerüst der *Ikosaedergruppe* (Abb. 3.6) eingezeichnet. Unterwirft man diese Ebenen den Operationen der vollen Ikosaedergruppe oder der Ikosaederdrehgruppe, so erhält man die Metamorphose der gleichflächigen oder isoedrischen Polyeder der vollen Ikosaedergruppe (Abb. 9.5) bzw. der Ikosaederdrehgruppe (Abb. 9.6).

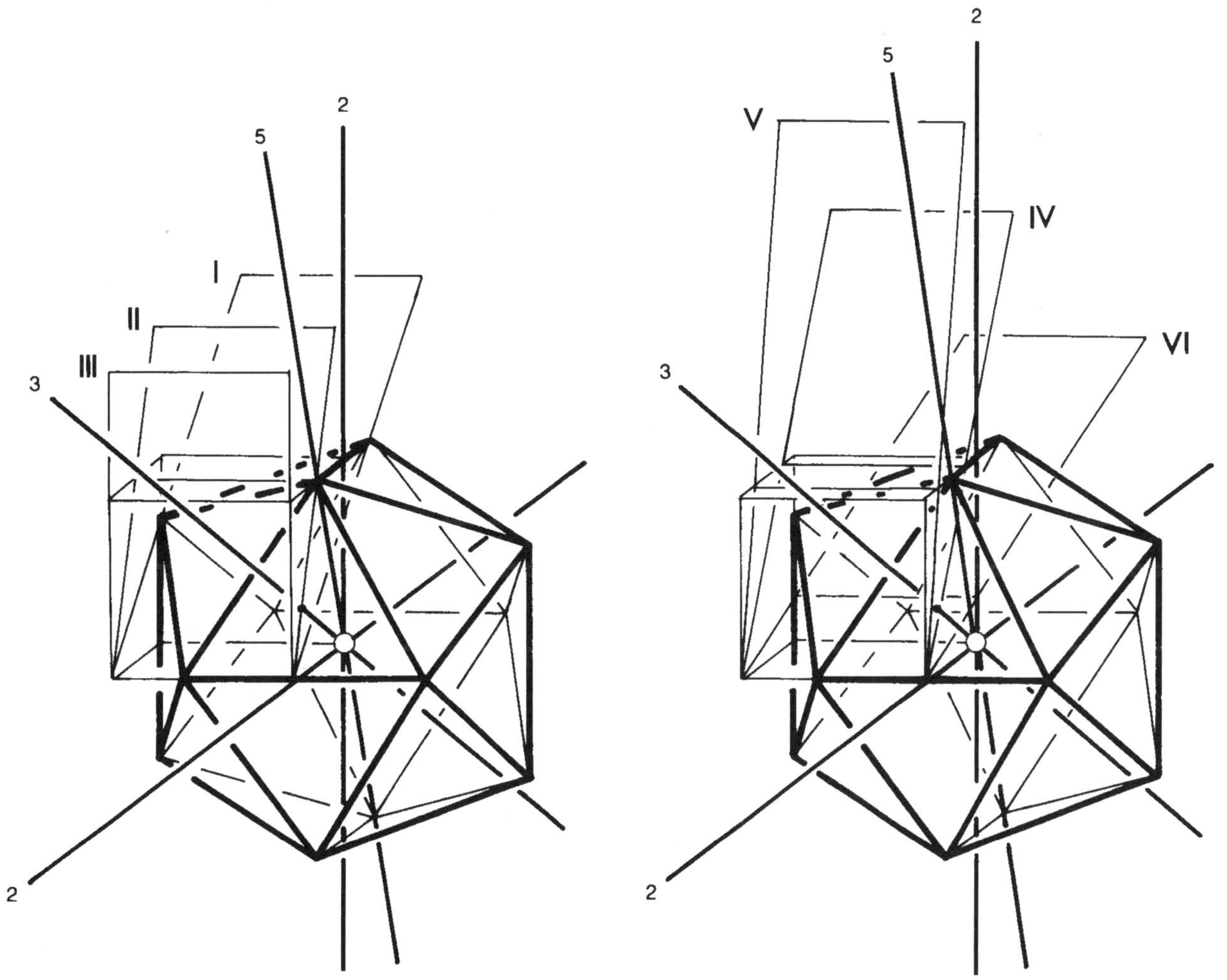

Abb. 9.1: *Sieben Positionen (Flächenlagen) einer Ebene im Symmetriegerüst der Ikosaedergruppe*

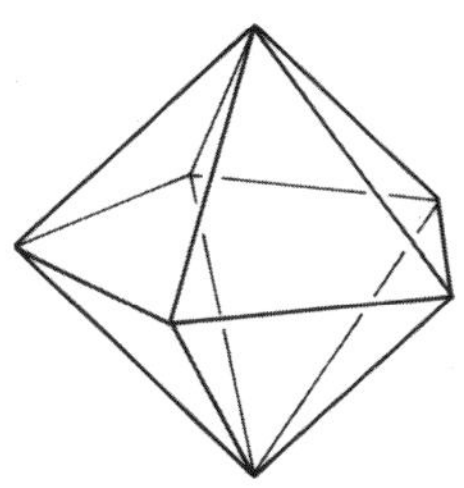

5-Dipyramide

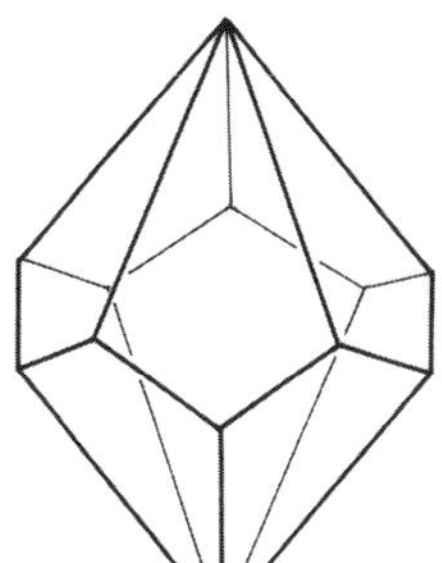

5-Streptoeder

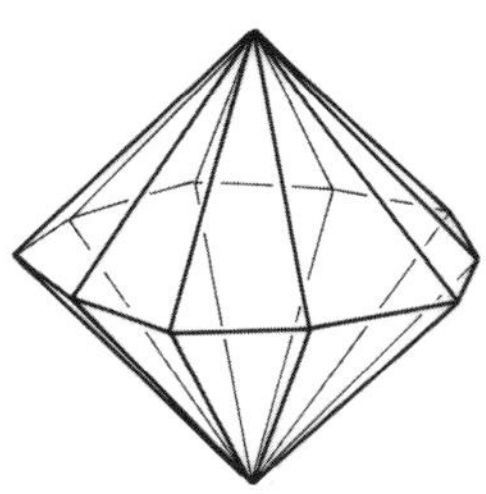

di-5-Seit-Dipyramide

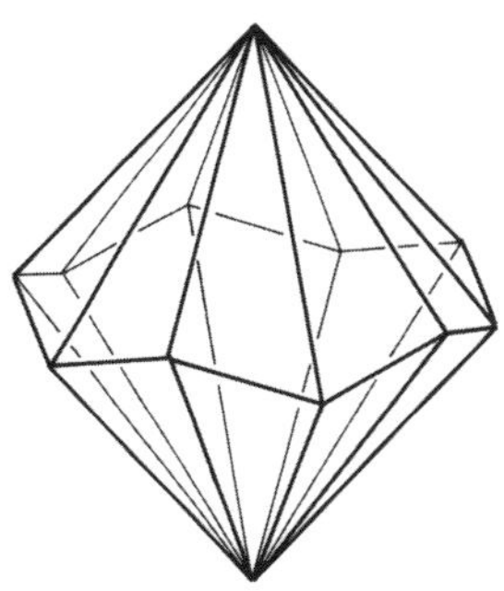

5-Skalenoeder

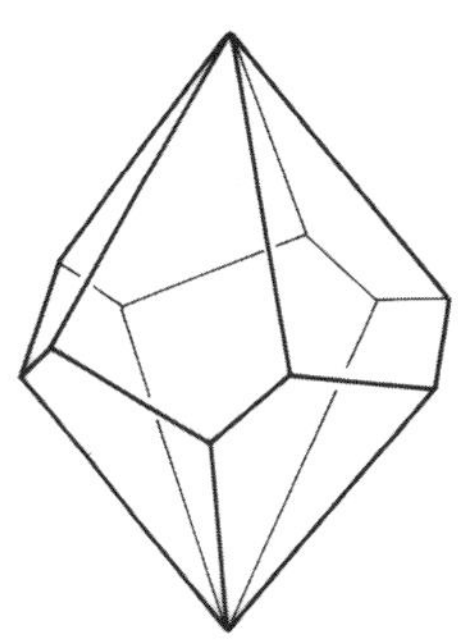

5-Trapezoeder

Abb.9.2: *Beispiele isoedrischer Polyeder mit Achsensymmetrie*

Abb. 9.3: *Metamorphose isoedrischer Polyeder bezüglich der vollen Hexaedergruppe*

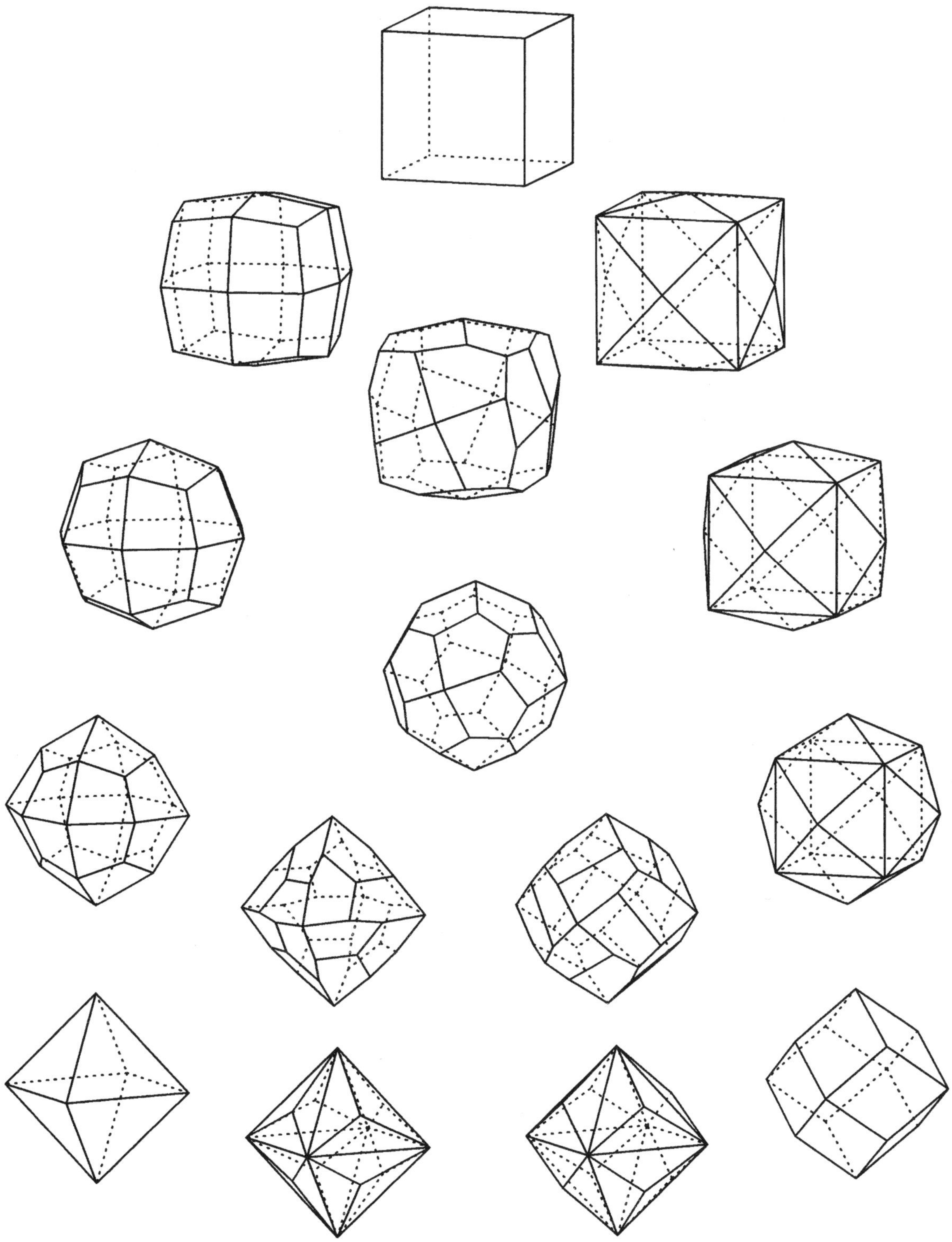

Abb. 9.4: *Metamorphose isoedrischer Polyeder bezüglich der Hexaederdrehgruppe*

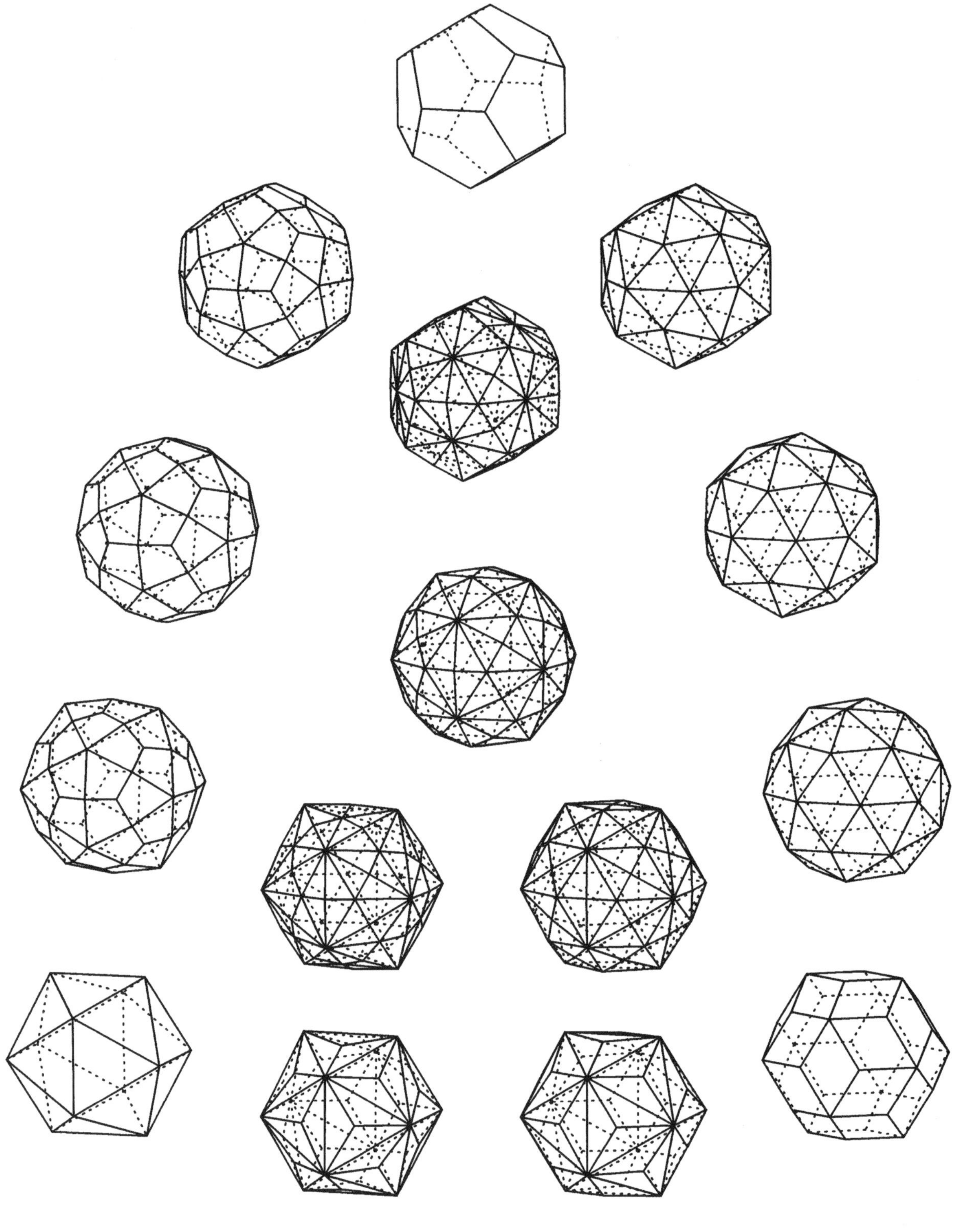

Abb. 9.5: *Metamorphose isoedrischer Polyeder bezüglich der vollen Ikosaedergruppe*

Abb. 9.6: *Metamorphose isoedrischer Polyeder bezüglich der Ikosaederdrehgruppe*

LITERATURHINWEIS

Aschkinuse [1969], Brückner [1900], Cromwell [1997], Ziegler [1998]

10
DELTAEDER, AUSGEWÄHLTE SPEZIELLE POLYEDER

DELTAEDER

Deltaeder sind konvexe Polyeder mit kongruenten und regulären (gleichseitigen und gleichwinkligen) Flächen ohne irgend welche Bedingungen an die Ecken. Ihre vollständige Aufzählung stammt aus der Mitte des 20. Jahrhunderts. Zu diesen 8 Polyedern gehören natürlich die drei Platonischen Körper Tetraeder, Oktaeder und Hexaeder (Abb. 10.1), dann die 3-Dipyramiden (3-Doppelpyramiden oder Doppeltetraeder) und die 5-Dipyramiden (Abb. 10.2).

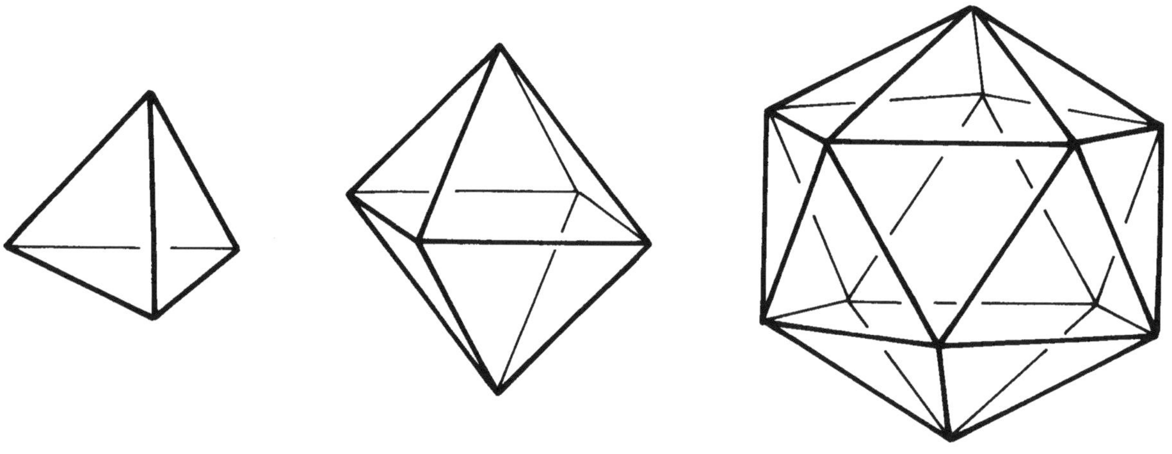

Abb. 10.1: *Platonische Deltaeder: Tetraeder, Oktaeder, Ikosaeder*

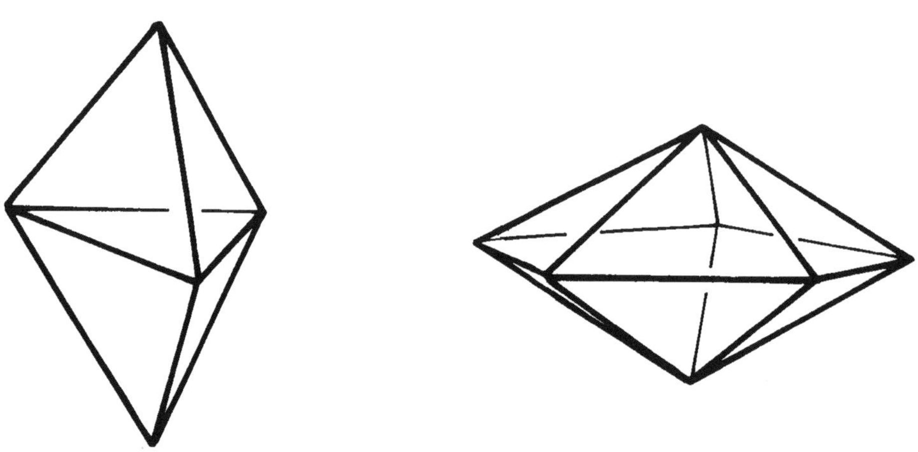

Abb. 10.2: *Deltaeder-Dipyramiden: 3-Dipyramide, 5-Dipyramide*

Das 14-flächige Deltaeder ensteht aus einem Archimedischen 3-Prisma durch Ergänzung mit drei 4-Pyramiden an dessen Seitenflächen und das 16-flächige Deltaeder durch Ergänzung eines Archimedischen 4-Antiprismas durch zwei 4-Pyramiden an dessen Deck- und Grundfläche (Abb. 10.3). Das 12-flächige Deltaeder entsteht aus einer Archimedischen 5-Dipyramide durch Einschiebung von zwei regulären Dreiecken. Außer den Platonischen Deltaedern haben die Deltaeder nur Achsensymmetrien.

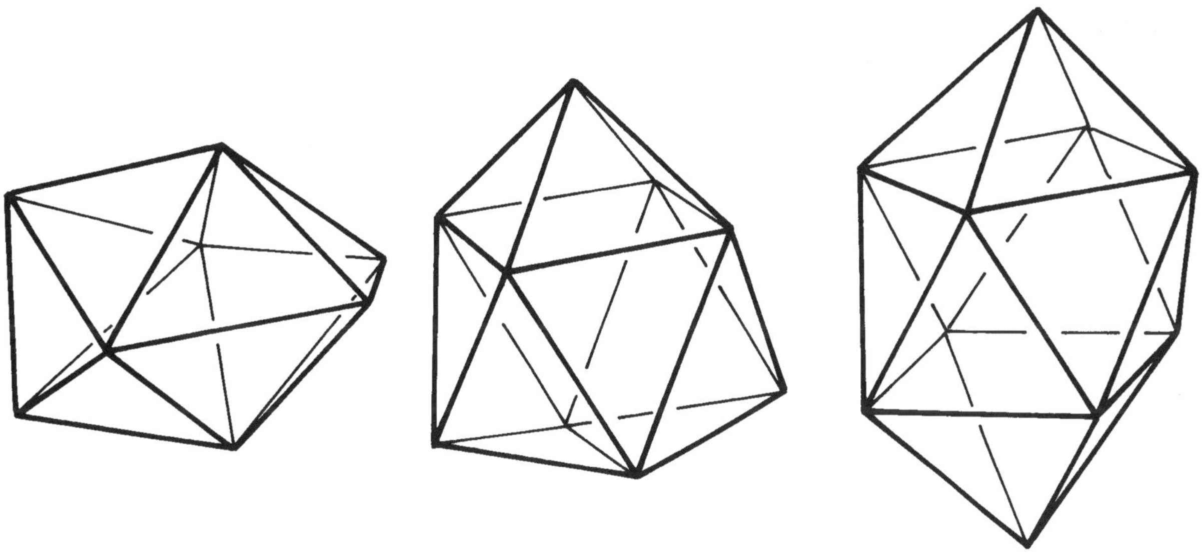

Abb. 10.3: *12-flächiges Deltaeder, 14-flächiges Deltaeder und 16-flächiges Deltaeder*

PSEUDORHOMBENKUBOKTAEDER

Ersetzt man in den für die Archimedischen Polyeder gesetzten Bedingungen die Symmetrieäquivalenz der Ecken durch deren Kongruenz, so erhält man ein zusätzliches Polyeder, das erst in der ersten Hälfte dieses Jahrhunderts entdeckt wurde, das *Pseudorhombenkuboktaeder* (Abb. 10.5). Es entsteht aus dem gewöhnlichen Rhombenkuboktaeder (Abb. 10.4) durch eine 45°-Drehung etwa der oberen Hälfte des Polyeders, welche durch eine Symmetrieebene senkrecht zu einer 4-zähligen Achse ausgeschnitten wird, gegenüber der unteren Hälfte.

Durch dieselbe Operation erhält man aus dem Dualarchimedischen Deltoid-24flächner (der Dualform des Archimedischen Rhombenkuboktaeders; Abb. 10.6) die Dualform des Pseudorhombenkuboktaeders (Abb. 10.7).

Aus diesen Operationen folgt, daß diese beiden neuen Polyeder nur noch achsensymmetrisch sind.

FLÄCHENREGULÄRE UND ECKENREGULÄRE POLYEDER

Das Pseudorhombenkuboktaeder ist auch ein Beispiel der großen Klasse von konvexen regulärflächigen oder flächenregulären Polyeder, deren Flächen alle regulär (jedoch verschieden) sind und sonst keinen weiteren Bedingungen genügen. Neben diesem Polyeder, den Deltaedern sowie den Archimedischen und Platonischen Polyedern wurden Ende der 60-er Jahre noch zusätzlich 86 Typen solcher flächenregulären Polyeder gefunden. Über die Typen von eckenregulären Polyeder, zu denen das Dual-Pseudorhombenkuboktaeder gehört, weiß man (abgesehen von den Dualarchimedischen und Platonischen Polyedern) noch sehr wenig.

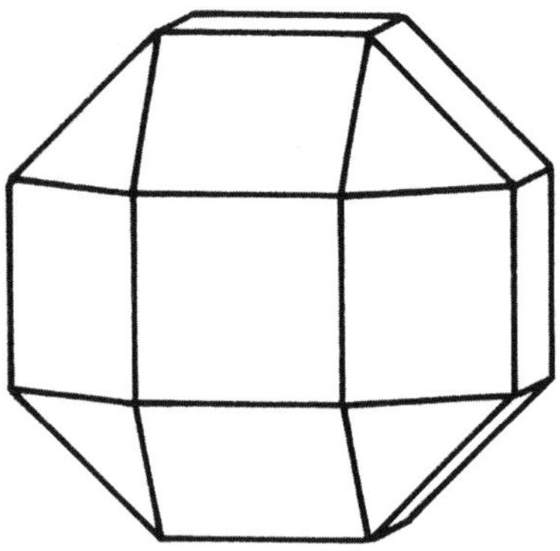

Abb. 10.4: *Rhombenkuboktaeder*

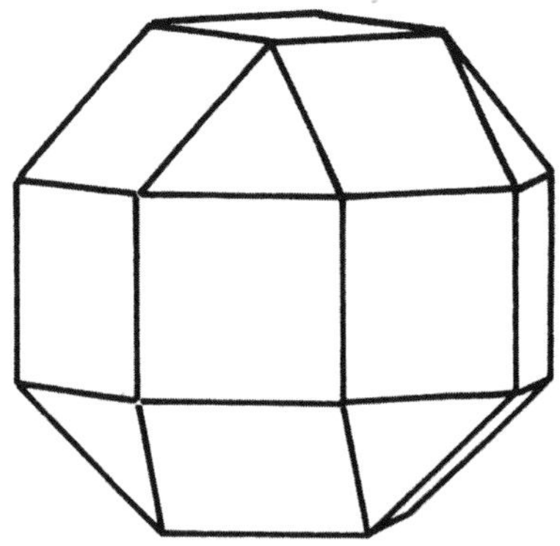

Abb. 10.5: *Pseudorhombenkuboktaeder*

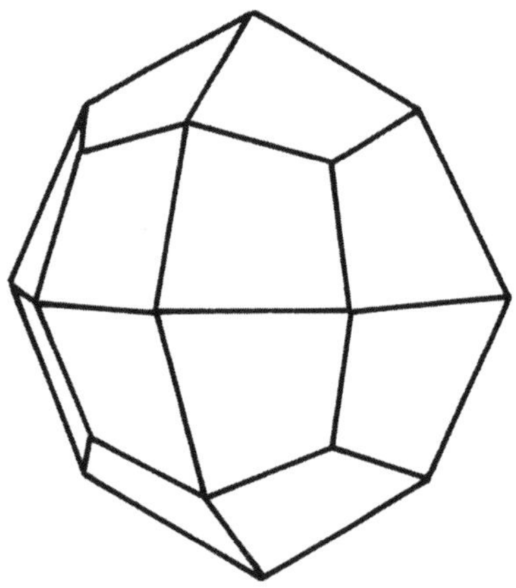

Abb. 10.6: *Deltoid-24flächner*

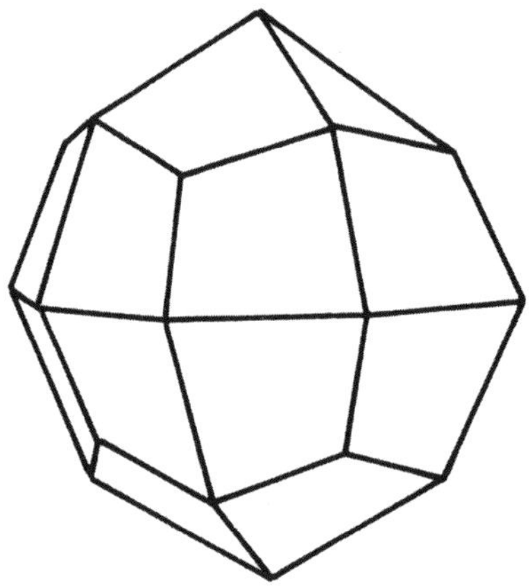

10.7: *Dual-Pseudorhombenkuboktaeder*

ANMERKUNG

Die Entdeckung und vollständige Aufzählung aller Deltaeder geht auf H. Freudenthal und B. L. van der Waerden zurück. Ihre auf holländisch erschienene Arbeit wurde in der Zeitschrift «Simon Stevin» (Band 25, 1946/47, S. 116–121) veröffentlich und ist auf deutsch in Freudenthal/Van der Waerden [1999] zugänglich.

LITERATURHINWEIS

Cundy/Rollett [1961], Schumann [1989], Freudenthal/van der Waerden [1999]

11
POLYEDERKOMBINATIONEN

FLÄCHENKOMBINATIONEN

Die Kombination von Polyedern ist eine Operation zur Gewinnung komplizierter Polyeder aus einfachen.

Die sogenannte *Flächenkombination*, in der Kristallographie kurz *Kombination* genannt, von gleichflächigen oder isoedrischen Polyedern besteht in der *Abstumpfung* von Ecken und/oder Kanten eines Polyeders durch die Flächen eines anderen Polyeders. Zur Festlegung der gegenseitigen Orientierung dieser Polyeder sowie der Symmetrie des Kombinationspolyeders wählt man die zu kombinierenden Polyeder aus denjenigen gleichflächigen Polyedern aus, welche dieselbe Symmetriegruppe haben.

Dies sei an einem einfachen Beispiel demonstriert (Abb. 11.1), der Flächenkombination eines Rhombenkuboktaeders aus dem Hexaeder, Oktaeder und Rhombendodekaeder.

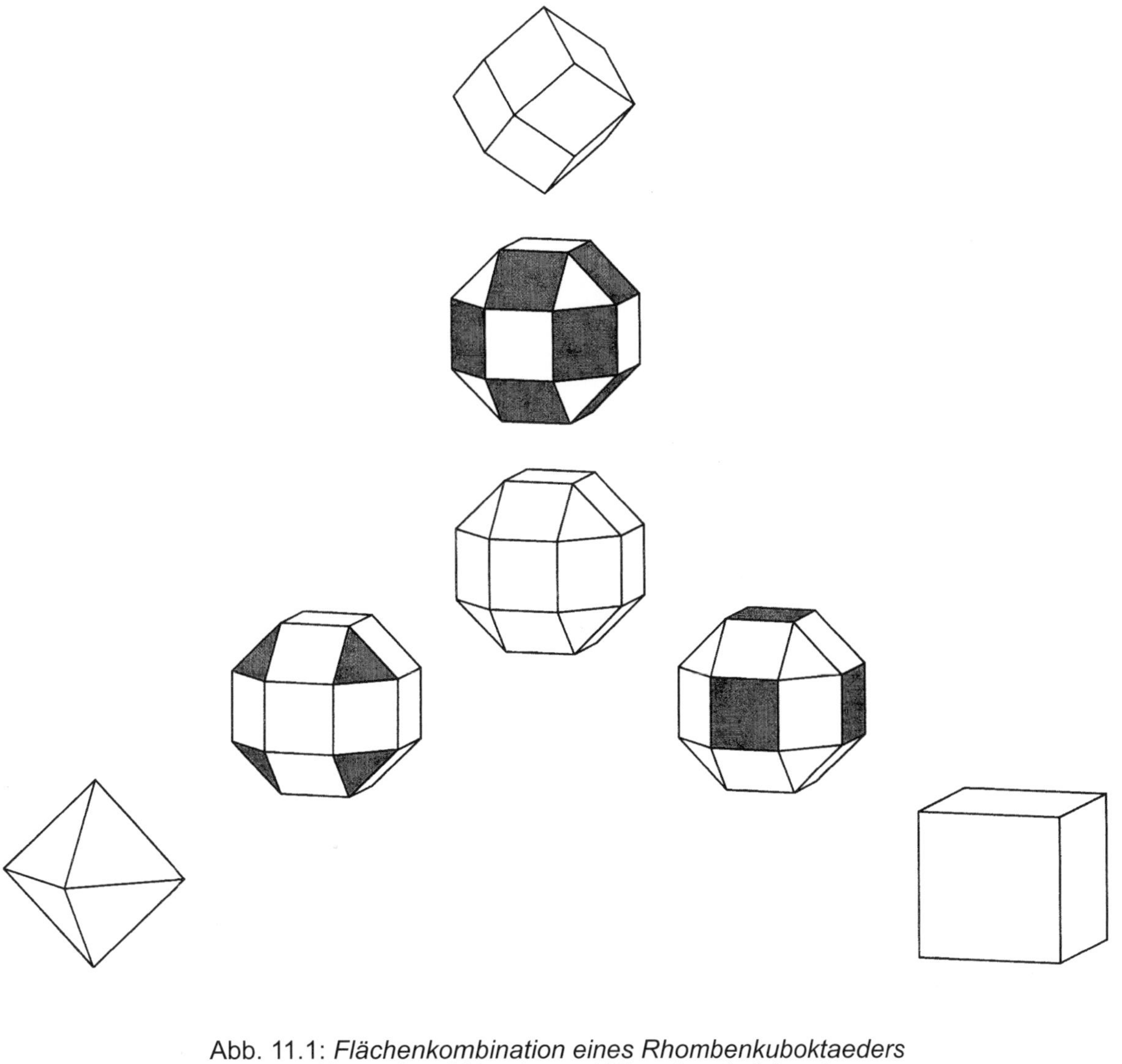

Abb. 11.1: *Flächenkombination eines Rhombenkuboktaeders aus Hexaeder, Oktaeder und Rhombendodekaeder*

Wird diese Abstumpfung als kontinuierlicher Prozeß aufgefaßt, so ergibt sich eine ganze Reihe von miteinander zusammenhängenden Formen wie sie in Abbildung 11.2 dargestellt sind. Auf dem Rand dieses «gerundeten» *Flächenkombinationsdreiecks* befinden sich die Kombinationsformen aus den zwei Polyedern an den entsprechenden Ecken und innerhalb des Dreiecks verschiedene Variationen des Kombinationspolyeders aus allen drei Polyedern in den Ecken.

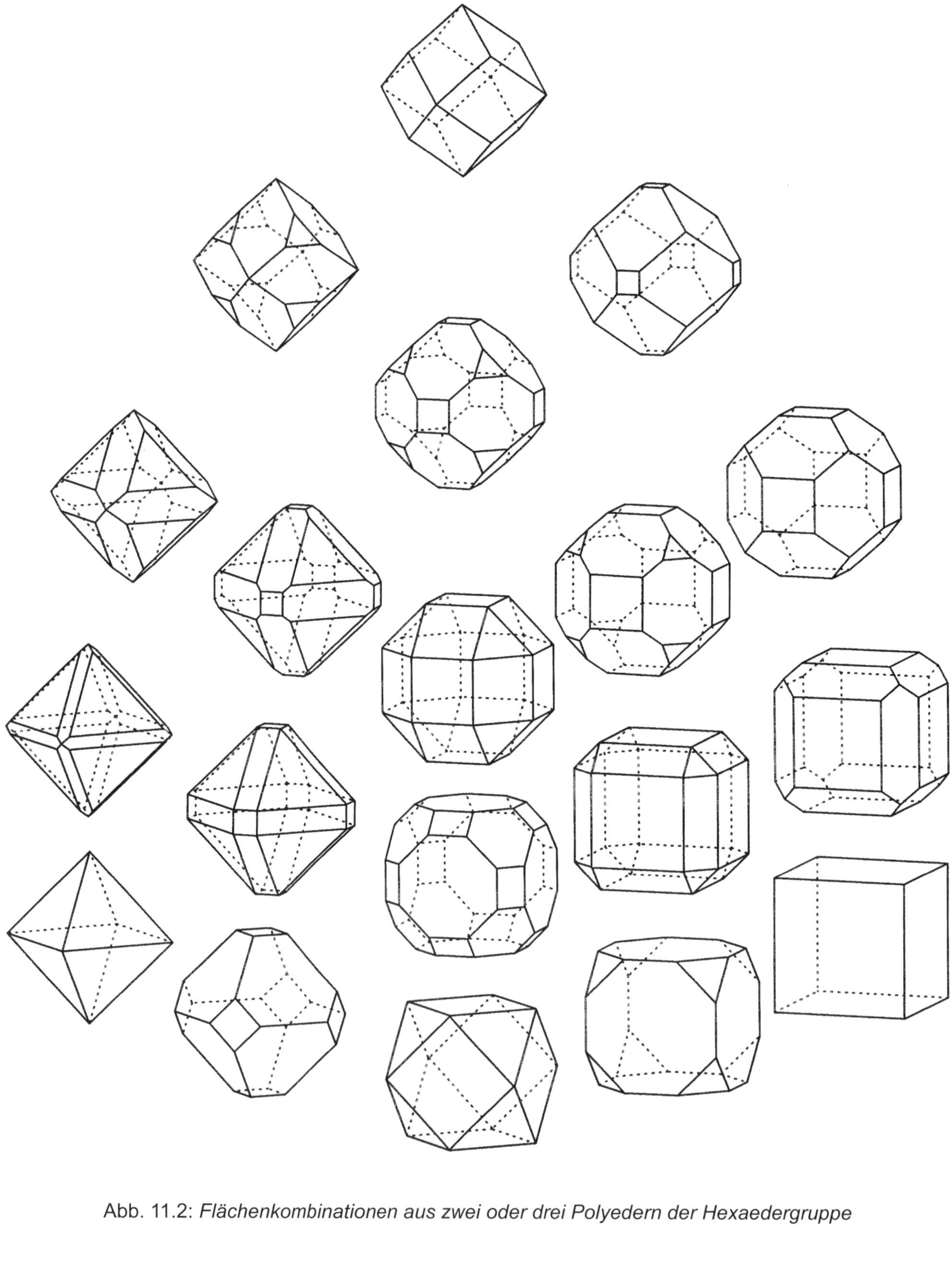

Abb. 11.2: *Flächenkombinationen aus zwei oder drei Polyedern der Hexaedergruppe*

Analog zur Kombination von Hexaeder, Oktaeder und Rhombendodekaeder zum Rhombenkuboktaeder können in der Ikosaedergruppe das Dodekaeder, Ikosaeder und der Rhomben30-flächner zum Rhombenikosidodekaeder kombiniert werden (Abb. 11.3).

Im dazugehörigen Flächenkombinationsdreieck der Ikosaedergruppe (Abb. 11.4) finden sich wieder alle Typen von Kombinationsformen, welche aus zwei oder drei Polyedern gebildet werden können.

Ein anschauliches Verständnis der bei einer Flächenkombination vorkommenden Operationen kann dadurch gewonnen werden, daß sie als Prozesse aufgefaßt werden. Am Anfang sind die beiden zu kombinierenden Polyeder «ineinander», das heißt, das eine liegt ganz im Innern des anderen, ohne daß sie sich in irgendwelchen Elementen berühren oder schneiden. Danach wird entweder das innere Polyeder «ausgedehnt» oder das äußere «geschrumpft», bis es zur «Begegnung» der beiden Polyeder kommt.

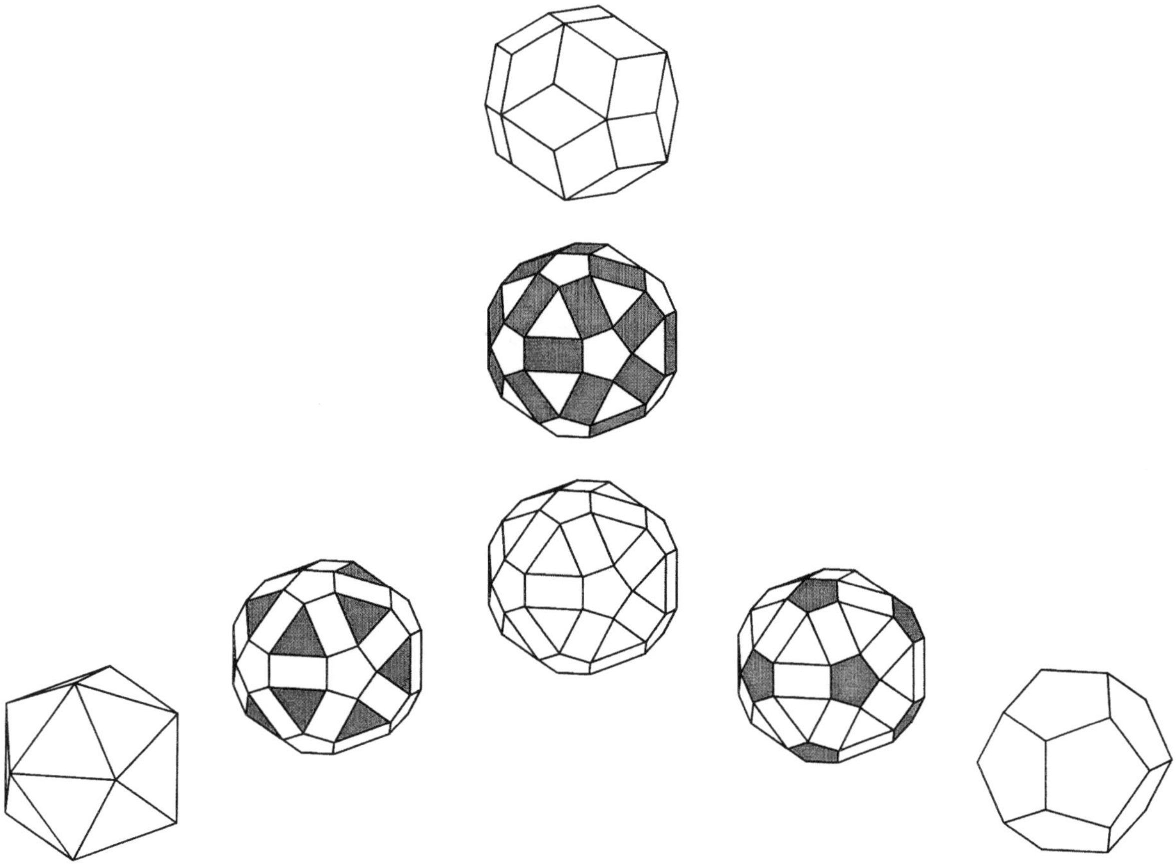

Abb. 11.3: *Flächenkombination eines Rhombenikosidodekaeders aus Dodekaeder, Ikosaeder und Rhomben-30flächner*

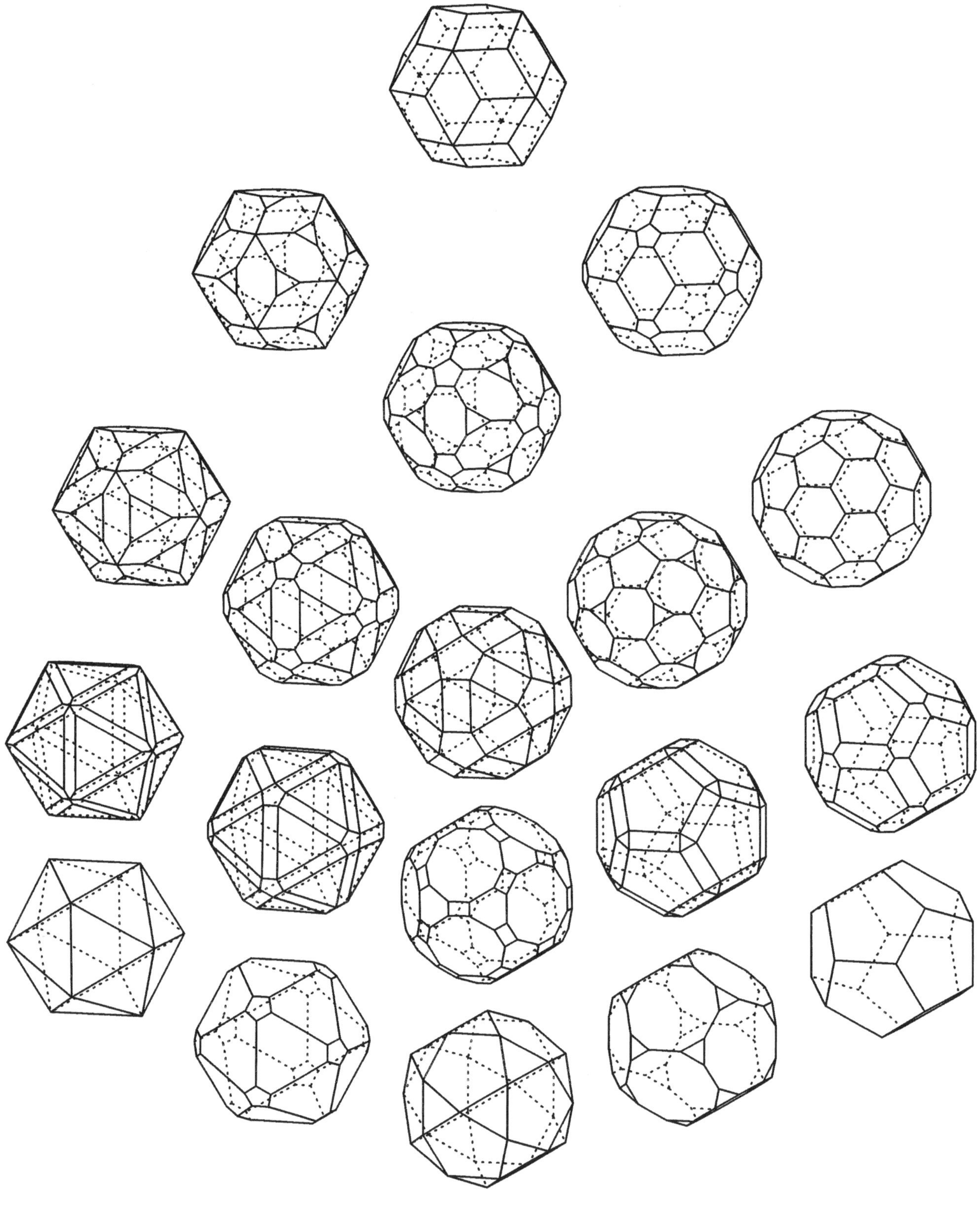

Abb. 11.4: *Flächenkombinationen aus zwei oder drei Polyedern der Ikosaedergruppe*

ECKENKOMBINATIONEN

Die *Eckenkombination* zweier gleicheckiger oder isogonaler Polyeder zu einem symmetrischen Polyeder geschieht durch gegenseitige Knickung von Flächen und/oder Kanten des einen Polyeders durch die Ecken des anderen Polyeders (Abb. 11.5 und 11.6). Man bildet also die *konvexe Hülle* der Eckpunkte der an einer Eckenkombination beteiligten Polyeder. Damit dieses *Eckenkombinationspolyeder* eine Eigensymmetriegruppe hat, also die Gesamtheit seiner Ecken unter einer Symmetriegruppe invariant ist, müssen die erzeugenden Gruppen der beiden Polyeder entweder identisch sein, im Untergruppenverhältnis stehen oder eine gemeinsame nichttriviale Untergruppe besitzen.

Wie bei den Flächenkombinationen werden die Eckenkombinationen prozessual aufgefaßt und das entsprechende Kombinationspolyeder schrittweise aus «Ausdehnungen» bzw. «Schrumpfungen» der beteiligten Polyeder entstehend gedacht.

ÜBERSICHT DER DUALEN KOMBINATIONSGESETZE

GESETZE DER FLÄCHENKOMBINATION

Hier bedeuten *n*-Ecke nicht Polygone in der Ebene, sondern Ecken von Polyedern mit *n* Kanten. Mit «Ausdehnung» und «Schrumpfung» sind Ausdehnungen bzw. Schrumpfungen der entsprechenden Inkugeln der isoedrischen Polyeder gemeint.

1. *Abstumpfung von Kanten* des Polyeders P durch Flächen des Polyeders Q, wobei die Flächen von P fest bleiben und Q schrumpft. *Dies ist äquivalent zu*: *Hebung von Kanten* des Polyeders P in Flächen des Polyeders Q, wobei die Flächen von Q fest bleiben und P sich ausdehnt.

2. *Abstumpfung von n-Ecken* des Polyeders P durch Flächen des Polyeders Q, wobei die Flächen von P fest bleiben und Q schrumpft. *Dies ist äquivalent zu*: *Hebung von n-Ecken* des Polyeders P in Flächen des Polyeders Q, wobei die Flächen von Q fest bleiben und P sich ausdehnt.

GESETZE DER ECKENKOMBINATION

Mit «Ausdehnung» und «Schrumpfung» sind Ausdehnungen bzw. Schrumpfungen der entsprechenden Umkugeln der isogonalen Polyeder gemeint.

1. *Ausknickung von Kanten* des Polyeders P durch Ecken des Polyeders Q, wobei die Ecken von P fest bleiben und Q sich ausdehnt. *Dies ist äquivalent zu*: *Abknickung von Kanten* des Polyeders P in Ecken des Polyeders Q, wobei die Ecken von Q fest bleiben und P schrumpft.

2. *Hebung von n-Pyramiden* auf *n*-Flächen des Polyeders P in Ecken des Polyeders Q, wobei die Ecken von P fest bleiben und Q sich ausdehnt. *Dies ist äquivalent zu*: *Abknickung von n-Pyramiden* des Polyeders P in Ecken des Polyeders Q, wobei die Ecken von Q fest bleiben und P schrumpft.

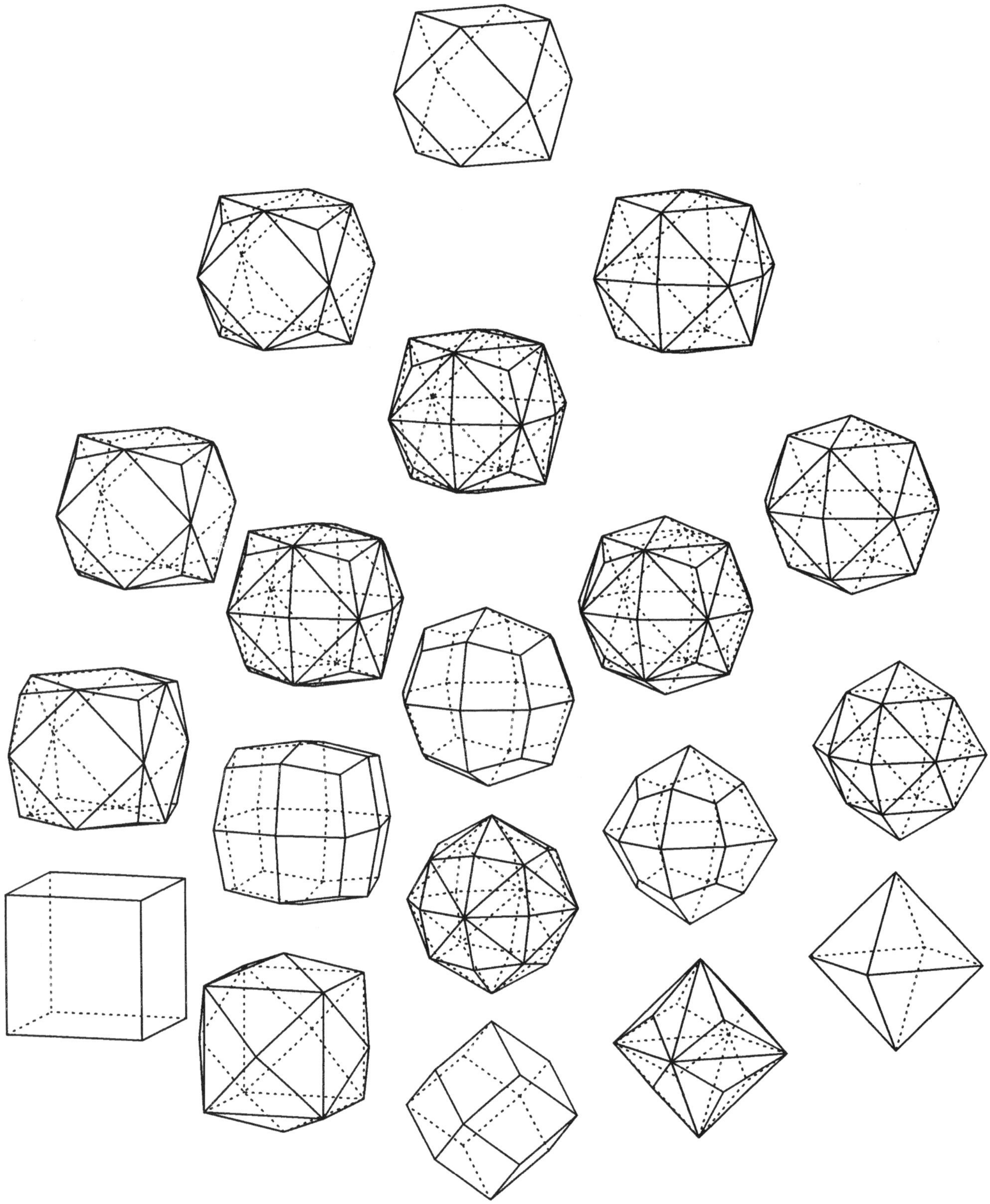

Abb. 11.5: *Eckenkombinationen aus zwei oder drei Polyedern der Hexaedergruppe*

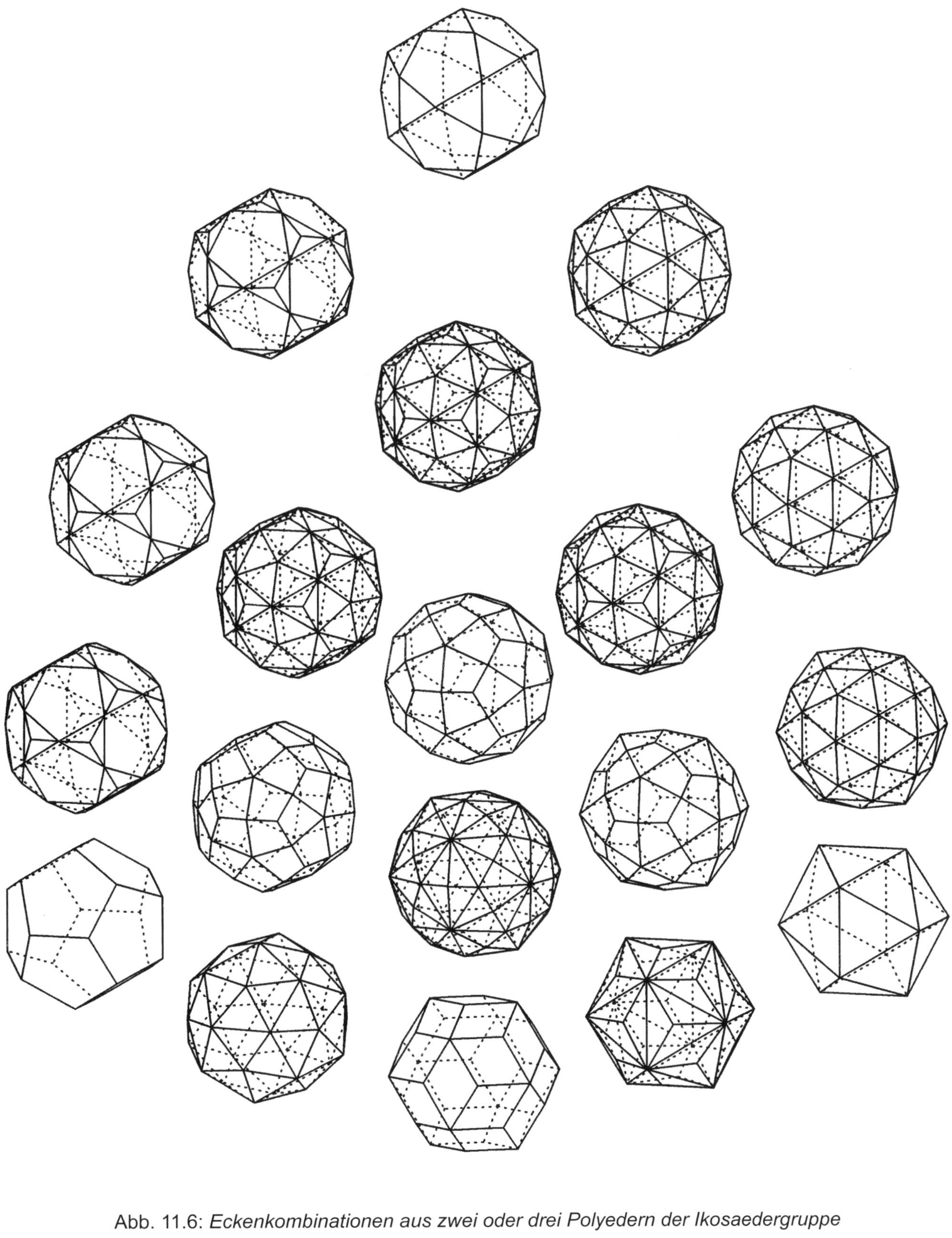

Abb. 11.6: *Eckenkombinationen aus zwei oder drei Polyedern der Ikosaedergruppe*

LITERATURHINWEIS

In Ziegler [1998], Kapitel 5.7, wird gezeigt wird, dass sich alle isogonalen Polyeder durch Flächenkombination aus höchstens drei isoedrischen Polyedern und alle isogonalen Polyeder durch Eckenkombination aus höchstens drei isogonalen Polyedern ableiten lassen.

12
KRISTALLFORMEN

EINFÜHRUNG

Die geometrische Kristallmorphologie beinhaltet die den Kristallformen zugrunde liegenden geometrischen Prinzipien. Diese stammen einerseits aus der Symmetrielehre (Symmetriegruppen) und andererseits aus der projektiven Geometrie.

Der Zusammenhang der Kristallmorphologie mit der projektiven Geometrie war in der Kristallographie des 19. Jahrhunderts wohlbekannt, spielt jedoch in der gegenwärtigen Kristallographie kaum mehr eine Rolle, da heute nur noch sehr selten Morphologie betrieben wird. Im Kapitel 13 wird an einigen Beispielen das Zusammenspiel von Symmetrien und Kristallformen anhand von projektiven Darstellungen illustriert. In dem vorliegenden Kapitel steht die Symmetrielehre in ihrem Verhältnis zu den Kristallformen im Vordergrund.

KRISTALLFORMEN

Kristalle sind im allgemeinen ebenflächig begrenzte Körper ohne einspringende Ecken und Kanten (Zwillinge und Mehrlinge ausgenommen), das heißt konvexe Polyeder. Ein Formtypus kann dabei in sehr verschiedenen Variationen («Verzerrungen») auftreten (Abb. 12.1 und 12.2).

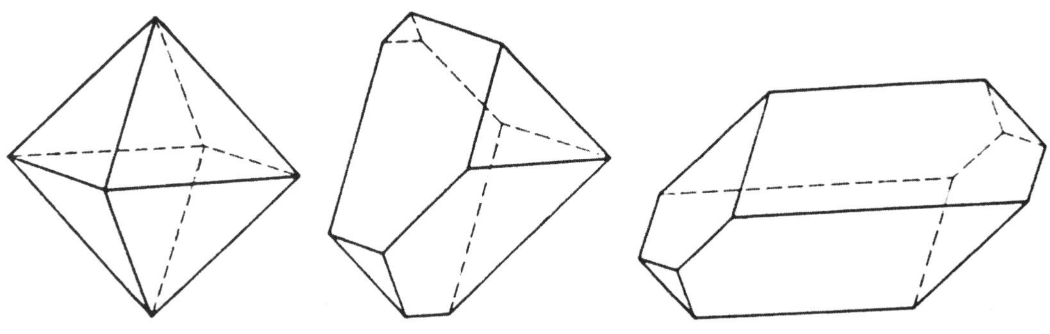

Abb. 12.1: *Variationen («Verzerrungen») eines Oktaeders*

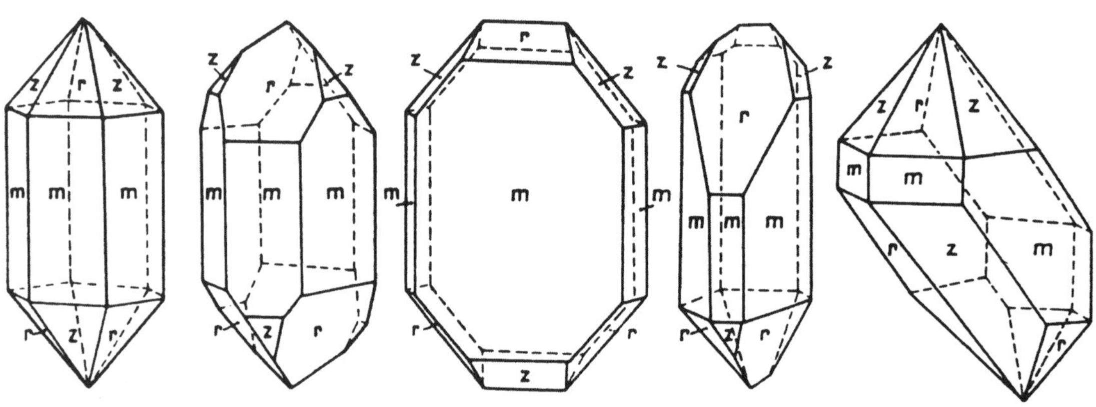

Abb. 12.2: *Variationen («Verzerrungen») einer hexagonalen Kristallform*

Was liegt dieser Vielfalt zugrunde? Mit Hilfe der in den vorangehenden Kapiteln dargestellten Tatsachen der Geometrie symmetrischer Polyeder läßt sich eine Übersicht aller möglichen Kristallformen gewinnen. Dazu geht man zunächst von der Gesamtheit aller gleichflächigen Polyeder aus. Aufgrund des kristallographischen Grundgesetzes, das heißt des Gesetzes der kleinen ganzzahligen Flächenindizes (auch: Gesetz der kleinen ganzzahligen reziproken Koordinatenachsenabschnitte) muß diese Gesamtheit in zweifacher Weise eingeschränkt werden: (1) Es kommen nur Symmetrieachsen der Zähligkeiten 2, 3, 4 und 6 in Frage und (2) es gibt nur Flächen mit kleinen ganzzahligen Indizes.

Aus (1) ergeben sich 32 kristallographische Symmetriegruppen, *Kristallklassen* genannt. Zusammen mit (2) hat man die entsprechenden Polyeder, die *einfachen Kristallformen*. Die erste Einschränkung hat unter anderem zur Folge, daß alle Polyeder mit Ikosaedersymmetrie als Kristallformen nicht in Frage kommen. Die zweite Einschränkung bedeutet unter anderem, daß auch das im Rahmen der Hexaedersymmetriegruppe (das heißt im kubischen System) auftretende Dodekaeder kein reguläres sein kann. Denn die Geometrie des Dodekaeders beruht wesentlich auf der *irrationalen* Zahl des goldenen Schnittes.

Die Einteilung der Kristallklassen und Kristallformen in *Kristallsysteme* geschieht aufgrund der gegenseitigen Verhältnisse der die Symmetrie bestimmenden Achsen, die man anhand der Achsen eines Koordinatensystems festlegt (Abb. 12.3).

Die einfachen Kristallformen des kubischen Systems, gegliedert nach den kristallographischen Symmetriegruppen (Untergruppen der Hexaedergruppen) in den Zeilen und nach den Flächenlagen (Lage einer Fläche relativ zum Symmetriegerüst) in den Kolonnen zeigt Abbildung 12.4.

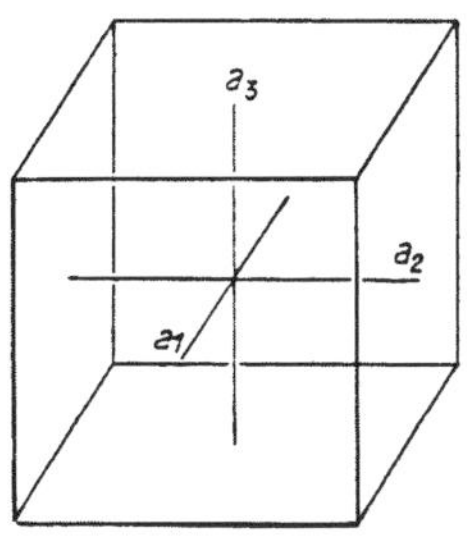

Kubisches System
$a_1 = a_2 = a_3$
alle drei Winkel 90°

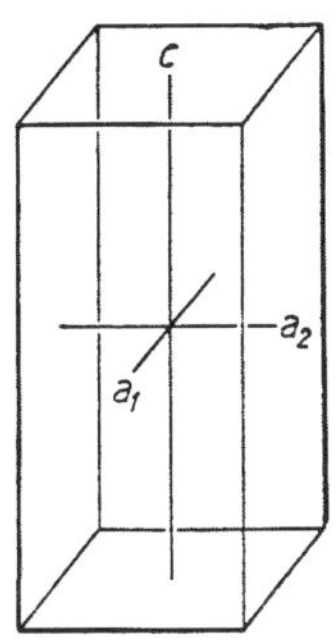

Tetragonales System
$a_1 = a_2 \neq c$
alle drei Winkel 90°

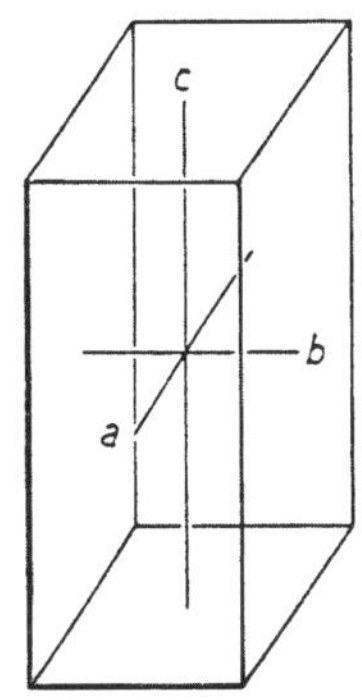

Orthorhombisches System
$a \neq b \neq c \neq a$
alle drei Winkel 90°

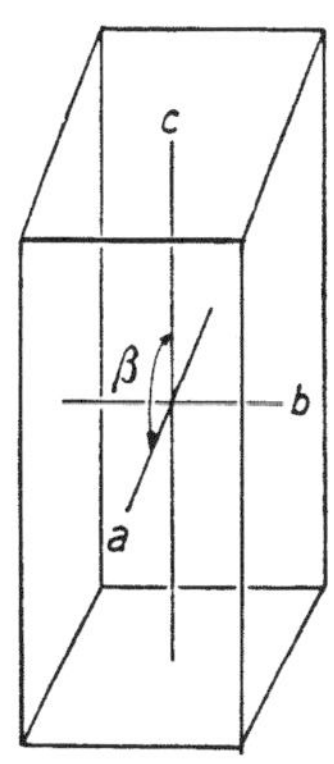

Monoklines System
$a \neq b \neq c \neq a$
zwei Winkel 90°

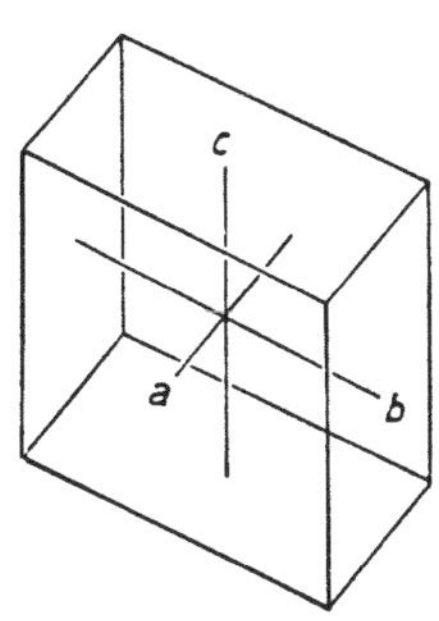

Triklines System
$a \neq b \neq c \neq a$
kein Winkel 90°

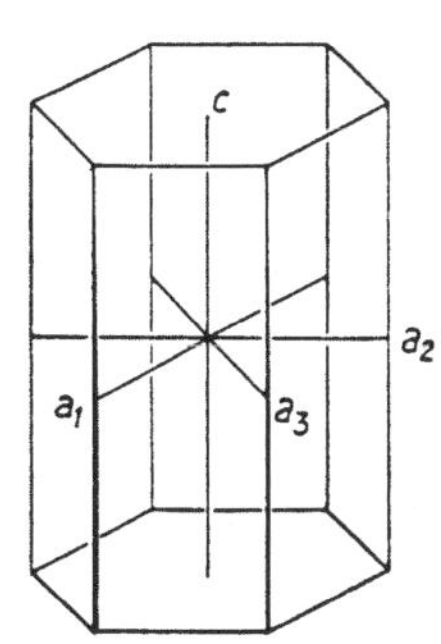

Trigonales und hexagonales System
$a_1 = a_2 = a_3 \neq c$
zwei Winkel 90°, einer 120°

Abb. 12.3: *Symmetrie- und Koordinatenachsenrichtungen der sieben Kristallsysteme*

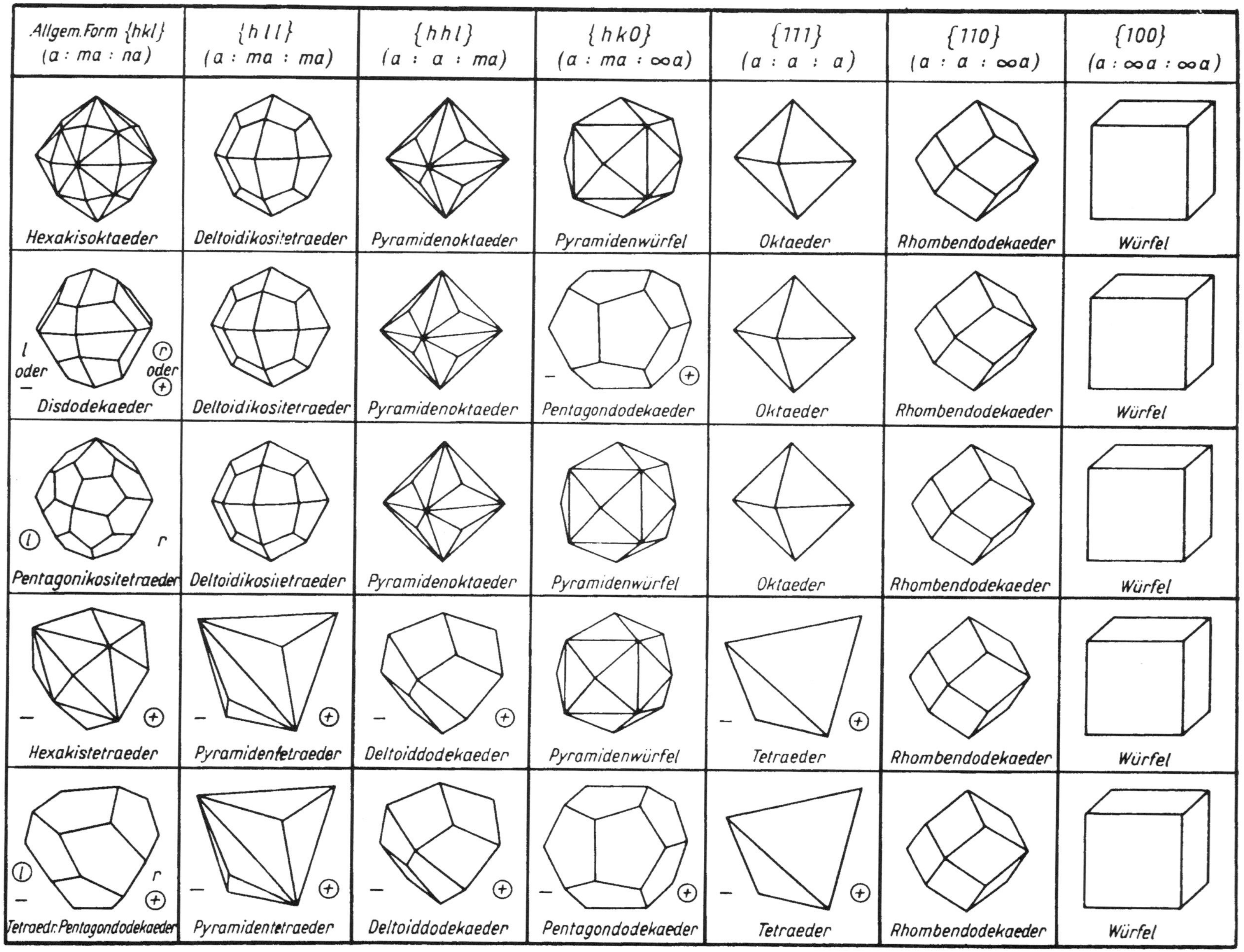

Abb. 12.4: *Die einfachen Kristallformen des kubischen Systems*

Die einfachen Kristallformen bilden jedoch gewissermaßen nur die idellen Bausteine aller Kristallformen. Sie kommen als solche selten in der Natur vor. Kristalle gehen in zwei charakteristischen Weisen über diese hochsymmetrischen einfachen Formen (auch Idealformen genannt) hinaus.

- Die gleichflächigen Polyeder mit 2-, 3-, 4- und 6-zähligen Symmetrieachsen (sowie ganzzahligen Flächenindizes) können innerhalb eines Kristallsystems beliebig miteinander kombiniert werden.

Beispiele zu solchen Kombinationsformen finden sich im Kapitel 11 unter den *Flächenkombinationen*. In Abbildung 12.5 sind verschiedene Exemplare von Kristallformen des trigonalen Systems dargestellt. Sie haben alle dieselben Symmetrien, insbesondere die größte Symmetriegruppe des trigonalen Kristallsystems: nämlich ein Symmetriezentrum, eine 3-zählige (senkrechte) Symmetrieachse, drei Spiegelebenen durch diese Achse, die je einen Winkel von 120° einschließen sowie drei 2-zählige Achsen, die senkrecht zur 3-zähligen Achse und den Spiegelebenen sind. Die beiden Formen ganz links in der ersten und zweiten Zeile sowie die dritte Form von links in der ersten Zeile sind einfache Formen, alle übrigen Formen sind Kombinationsformen.

- Die Kombinationspolyeder von einfachen Kristallformen können beliebigt verzerrt werden, das heißt, einzelne Flächen können beliebig parallel verschoben werden.

Beispiele zur Verzerrung finden sich in den Abbildungen 12.1 und 12.2.

Damit ist die Gesamtheit aller möglichen Kristallformen erfaßt. Unter diesen Kristallformen befinden sich sämtliche gleicheckigen Polyeder, da sich diese durch Flächenkombination aus den gleichflächigen Polyedern gewinnen lassen (siehe dazu Ziegler [1998], Kapitel 5.3).

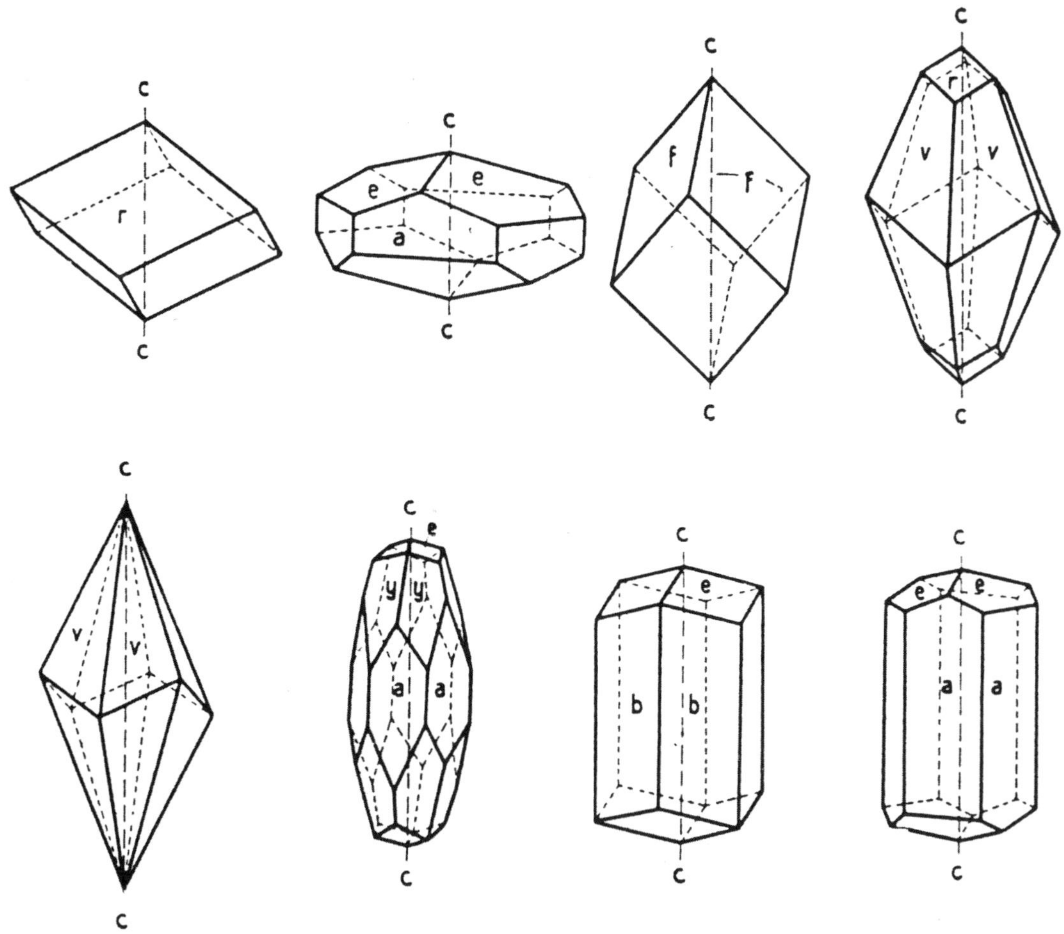

Abb. 12.5: *Kristallformen des trigonalen Systems*

ÜBERSICHT DER ALLGEMEINEN POLYEDER-REPRÄSENTANTEN DER 32 KRISTALLOGRAPHISCHEN SYMMETRIEGRUPPEN (KRISTALLKLASSEN)

Kubische Gruppe

Kubisches System:
6-Pyramidenoktaeder
Dyakisdodekaeder
Pentagon-24flächner
Hexakistetraeder
Tetraedrisches Pentagondodekaeder

Tetragonales System:
Ditetragonale Dipyramide
Tetragonale Dipyramide
Tetragonales Trapezoeder
Ditetragonale Pyramide
Tetragonale Pyramide
Tetragonales Skalenoeder
Tetragonales Disphenoid
(= Tetragonales Streptoeder)

Orthorhombisches System:
Orthorhombische Dipyramide
Orthorhombische Pyramide
Orthorhombisches Disphenoid
(= Orthorhombisches Trapezoeder)

Monoklines System:
Monoklines zentralsymmetrisches 4-Prisma
Monoklines 3- Prisma mit Spiegelebene
3-Prisma

Triklines System:
Triklines zentralsymmetrisches Prisma
Triklines Prisma

Hexagonale Gruppe

Hexagonales System:
Dihexagonale Dipyramide
Hexagonales Trapezoeder
Hexagonale Dipyramide
Dihexagonale Pyramide
Hexagonale Pyramide
Ditrigonale Dipyramide
Trigonale Dipyramide

Trigonales System:
Ditrigonales Skalenoeder
Ditrigonale Pyramide
Trigonales Streptoeder
(= Rhomboeder)
Trigonales Trapezoeder
Trigonale Pyramide

ANMERKUNG

Die projektive Geometrie spielt für die Morphologie der Kristallformen eine ähnlich fundamentale Rolle wie die Gittergeometrie für die Strukturtheorie der Kristalle. Dies hat die naturphilosophische Konsequenz, daß Kristallmorphologie und Kristallstrukturheorie als sich einander ergänzende komplementäre Aspekte der Kristallgestalt aufgefaßt werden können (siehe dazu Ziegler [1998], Kapitel 7 und Ziegler [1999]).

LITERATURHINWEIS

Arnoth [1997], Borchardt-Ott [1997], Burckhardt [1988], Burzlaff/Zimmernann [1977], [1993], Haussühl [1993], Offermann [2001], Schatz [o.J.], Schmutz [1986], Ziegler [1998] [1999]

13
PROJEKTIVE DARSTELLUNG VON PLATONISCHEN UND ANDEREN POLYEDERN

POLYEDER DER HEXAEDERGRUPPE

Schneidet man das Symmetriegerüst eines Hexaeders (Kapitel 3) mit einer Ebene senkrecht zu einer 4-, 3- oder 2-zähligen Symmetrieachse, so erhält man die Figuren der Abbildung 13.1. Für eine Ebene, die zu keiner der Symmetrieachsen senkrecht steht, erhält man eine Figur vom Typ der Abbildung 13.2, die eine Teilmenge einer harmonischen Grundfigur (Abb. 13.3) darstellt.

Schneidet man das Symmetriegerüst eines Hexaeders mit der Fernebene des euklidischen Raumes, so erhält man ebenfalls eine Teilmenge einer *ebenen* harmonischen Grundfigur (Abb. 13.3). Dieses Symmetriegerüst bildet selbst eine Teilmenge einer *zentrischen* harmonischen Grundfigur im Bündel (Kapitel 4).

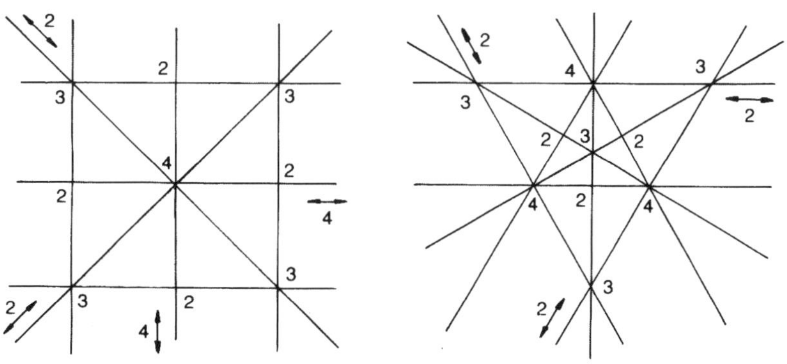

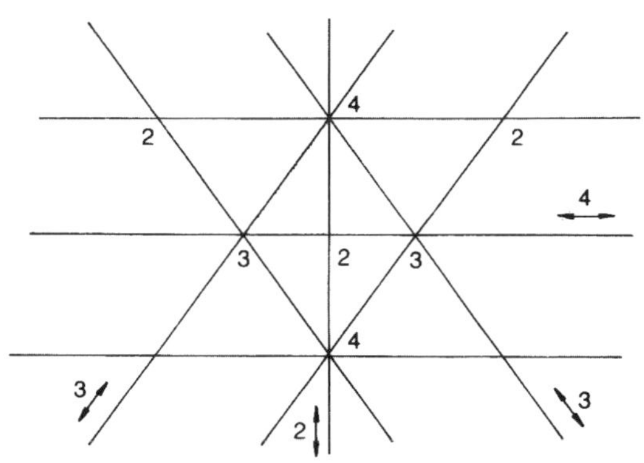

Abb. 13.1: *Ebene Schnitte des Symmetriegerüstes der vollen Hexaedergruppe senkrecht zu einer 4-, 3- und 2-zähligen Symmetrieachsen*

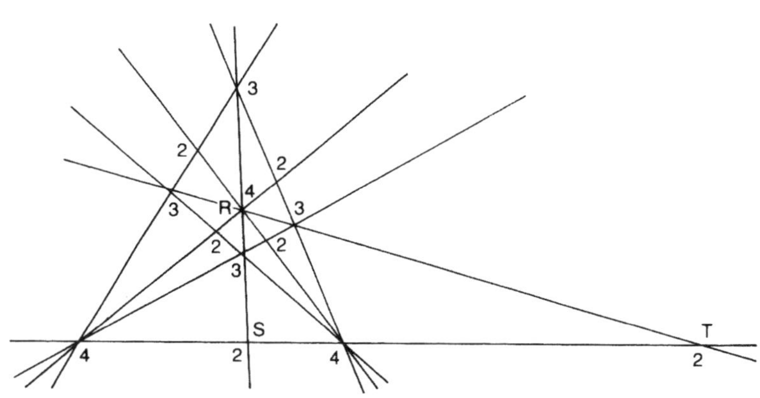

Abb. 13.2: *Allgemeiner ebener Schnitt des Symmetriegerüstes der vollen Hexaedergruppe*

Die 13 Symmetrieachsen eines Hexaeders durchstossen die Fernebene des Raumes in den 13 Punkten einer harmonischen Grundfigur (Abb. 13.3, 13.4). Die 9 Symmetrieebenen schneiden sich genau in den 13 Geraden der Symmetrieachsen, und zwar gehen durch die 4-, 3-, und 2-zähligen Achsen je 4, 3, bzw. 2 Symmetrieebenen. Die Schnittgeraden dieser Symmetrieebenen mit der Fernebene bilden die 9 (durchgezogenen) Verbindungsgeraden der Durchstosspunkte der Symmetrieachsen. Den 4 weiteren (gestrichelten) Verbindungsgeraden von je 3 Durchstoßpunkten 2-zähliger Symmetrieachsen entsprechen keine Symmetrieebenen. Durch sie gehen paarweise die Seitenflächen eines Oktaeders.

Den folgenden Abbildungen von projektiven Darstellungen von Polydern mit Hexaedersymmetrie liegt eine Figur in der Fernebene gemäss Abbildung 13.4 zugrunde. Abbildung 13.5 zeigt diese Figur zusammen mit einem Hexaeder und dessen 3-zähligen Symmetrieachsen. Die «ins Endliche» geholte funktionelle Fernebene geht von oben vorne nach unten hinten. Zur besseren Orientierung in den Abbildungen ist das die Durchstosspunkte 4-zähliger Symmetrieachsen (euklidisch) verbindende Dreieck fett hervorgehoben.

Abbildung 13.6 zeigt in entsprechender Weise ein Oktaeder mit vier 3-zähligen Symmetrieachsen (die 12 Kanten gehen paarweise durch die 6 Durchstosspunkte der 2-zähligen Symmetrieachsen), Abbildung 13.7 ein Rhombendodekaeder mit sechs 2-zähligen Symmetrieachsen (die 24 Kanten gehen zu je 6 durch die 4 Durchstosspunkte der 3-zähligen Symmetrieachsen) und Abbildung 13.8 einen Rhombenkuboktaeder mit allen 13 Symmetrieachsen eines Hexaeders.

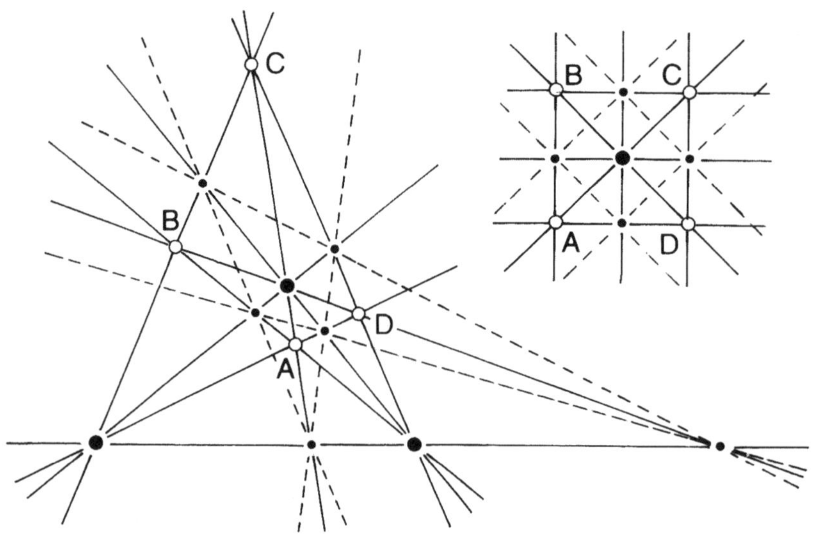

Abb. 13.3: *Harmonische Grundfigure oder 13-Gebilde*

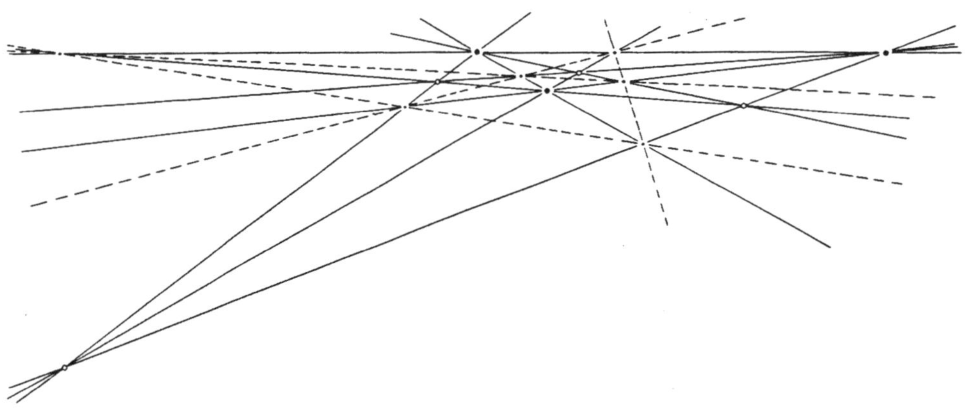

Abb. 13.4: *Harmonische Grundfigur; Grundlage der Abbilungen 13.5, 13.6 und 13.7*

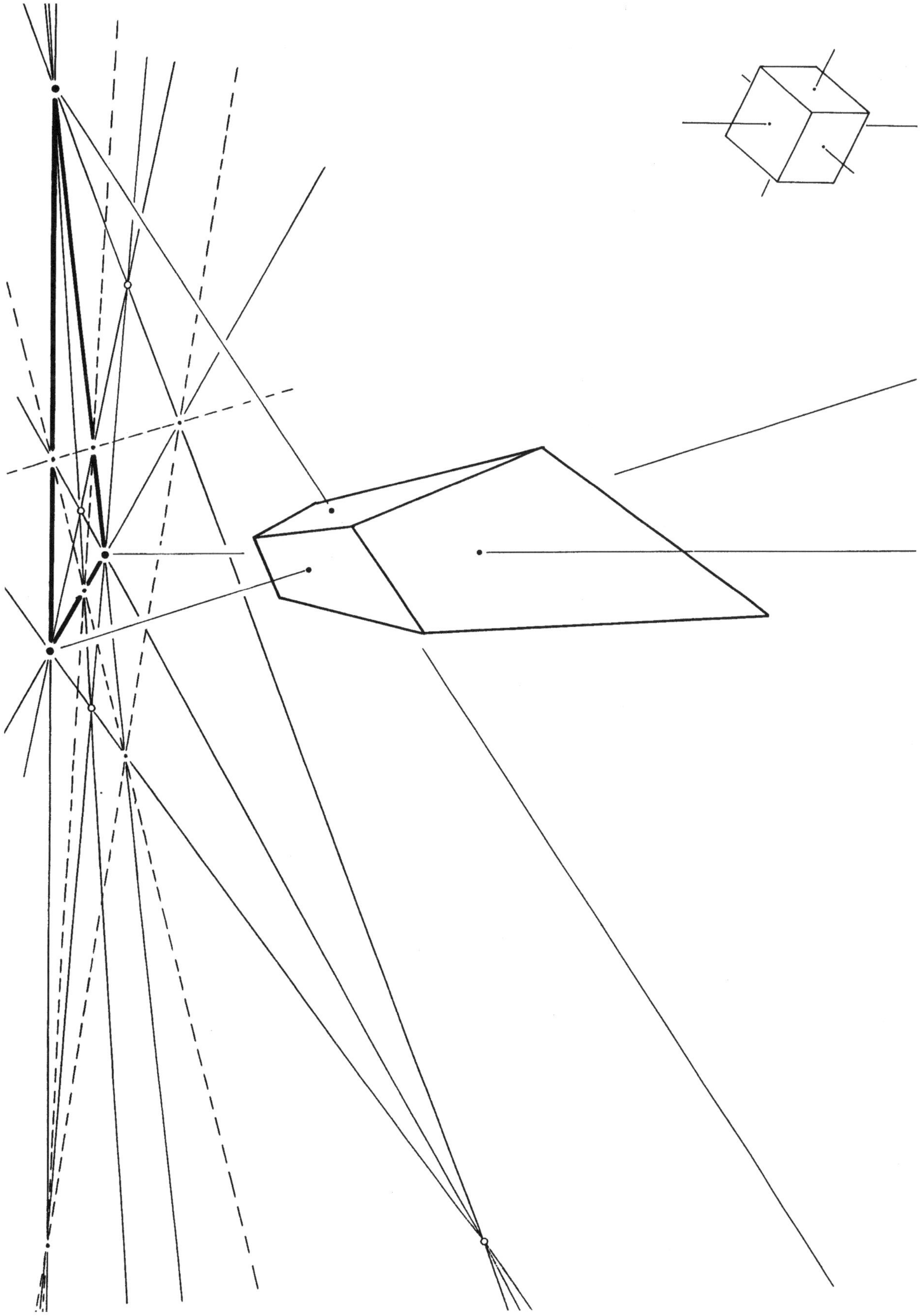

Abb. 13.5: *Hexaeder mit den drei 4-zähligen Symmetrieachsen (projektive Darstellung und orthogonale Parallelprojektion)*

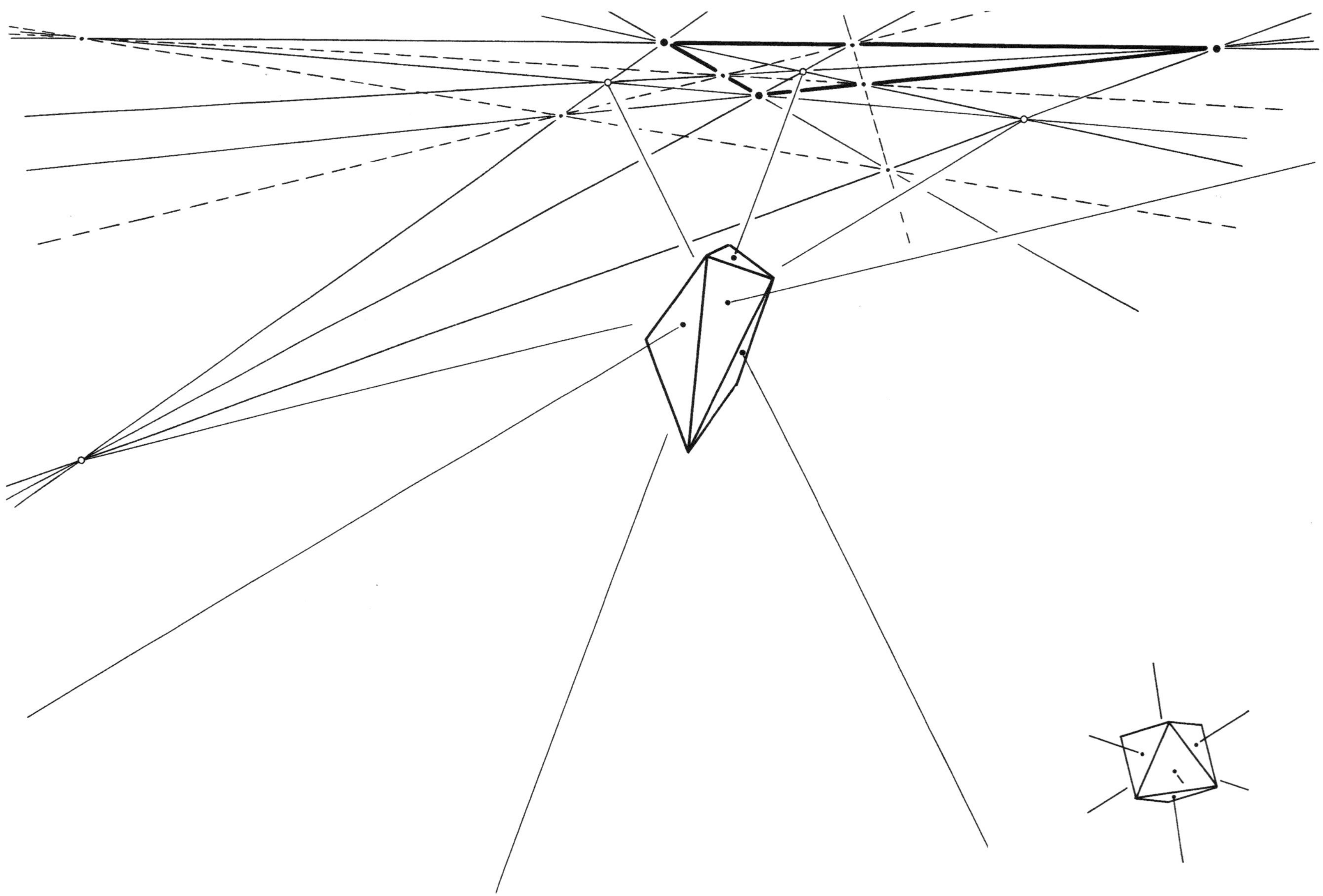

Abb. 13.6: *Oktaeder mit den vier 3-zähligen Symmetrieachsen (projektive Darstellung und orthogonale Parallelprojektion)*

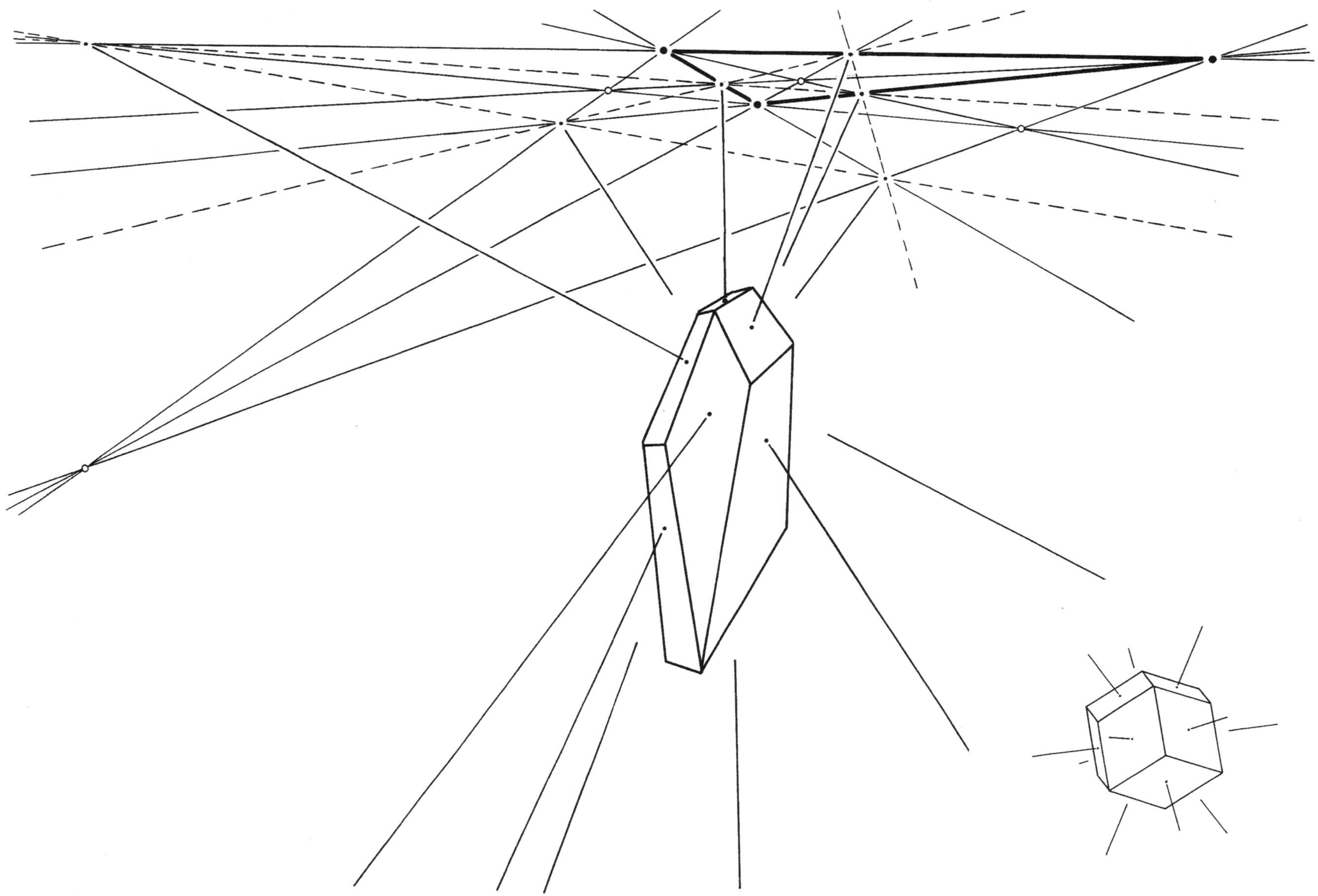

Abb. 13.7: *Rhombendodekaeder mit den sechs 2-zähligen Symmetrieachsen (projektive Darstellung und orthogonale Parallelprojektion)*

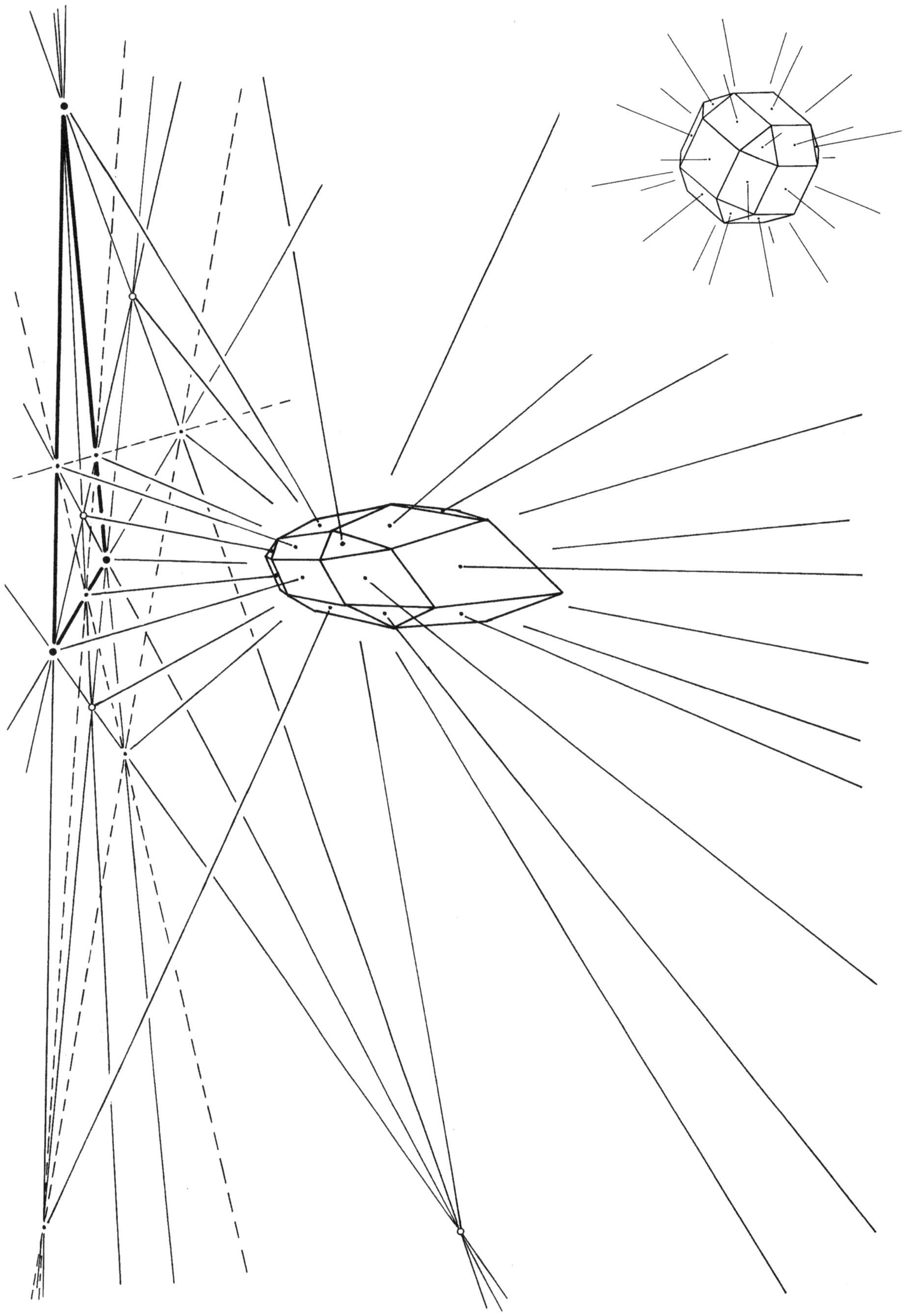

Abb. 13.8: *Rhombenkuboktaeder mit allen 13 Symmetrieachsen (projektive Darstellung und orthogonale Parallelprojektion)*

POLYEDER DER IKOSAEDERGRUPPE

Schneidet man das Symmetriegerüst eines Ikosaeders (Kapitel 3) mit einer Ebene senkrecht zu einer 5-, 3- oder 2-zähligen Symmetrieachse, so erhält man die Figuren der Abbildung 13.9. Für eine Ebene, die zu keiner der Symmetrieachsen senkrecht steht, erhält man eine Figur vom Typ der Abbildung 13.10.

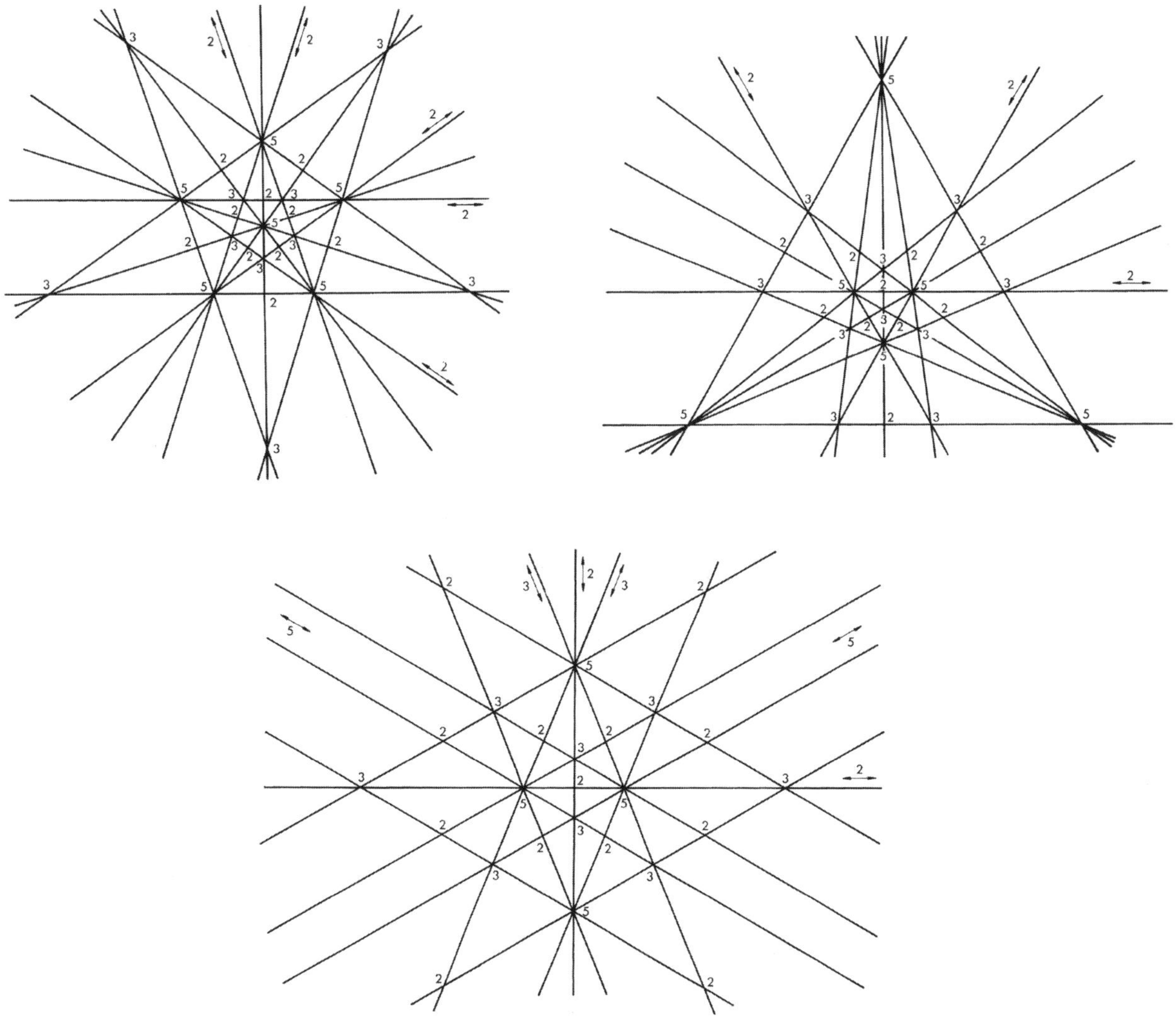

Abb. 13.9: *Ebene Schnitte des Symmetriegerüstes der vollen Ikosaedergruppe senkrecht zu einer 5-, 3- und 2-zähligen Symmetrieachse*

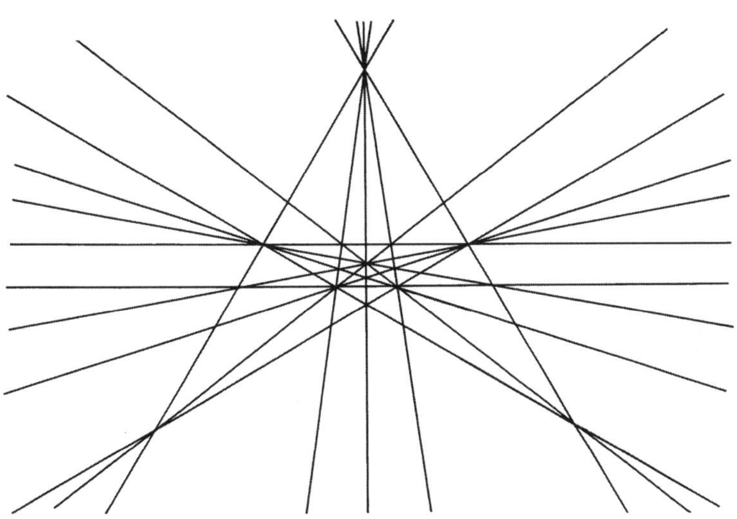

Abb. 13.10: *Allgemeiner ebener Schnitt des Symmetriegerüstes der vollen Ikosaedergruppe*

Die 31 Symmetrieachsen eines Dodekaeders oder Ikosaeders durchstossen die Fernebene in 31 Punkten einer speziellen Konfiguration (Abb. 13.10, 13.11), welche eine projektive Variante der Figuren der Abbildung 13.9 ist. Diese entspricht im Falle der Hexaedersymmetrien der harmonischen Grundfigur, deren 13 Punkte ebenfalls von allen Symmetrieachsen des Hexaeders getroffen werden. Die 15 Symmetrieebenen schneiden sich genau in den 31 Geraden der Symmetrieachsen. Die Schnittgeraden dieser Symmetrieebenen mit der Fernebene bilden die 15 (durchgezogenen) Verbindungsgeraden der Durchstosspunkte der Symmetrieachsen. Den 6 weiteren (gestrichtelten) Verbindungsgeraden von je 5 Durchstosspunkten 2-zähliger Symmetrieachsen entsprechen keine Symmetriebenen. Durch sie gehen paarweise die Seitenflächen des Pentagondodekaeders.

Den folgenden Abbildungen von projektiven Darstellungen von Polydern mit Ikosaedersymmetrie liegt eine Figur in der Fernebene gemäss Abbildung 13.11 zugrunde. Abbildung 13.12 zeigt diese Figur zusammen mit einem Dodekaeder und dessen 5-zähligen Symmetrieachsen. Die «ins Endliche» geholte funktionelle Fernebene geht von oben vorne nach unten hinten. Zur besseren Orientierung in den Abbildungen ist das die Durchstosspunkte 5-zähliger Symmetrieachsen (euklidisch) verbindende Fünfeck fett hervorgehoben.

Abbildung 13.13 zeigt einen Ikosaeder mit zehn 3-zähligen Symmetrieachsen und Abbildung 13.14 einen Rhomben-30flächner mit fünfzehn 2-zähligen Symmetrieachsen.

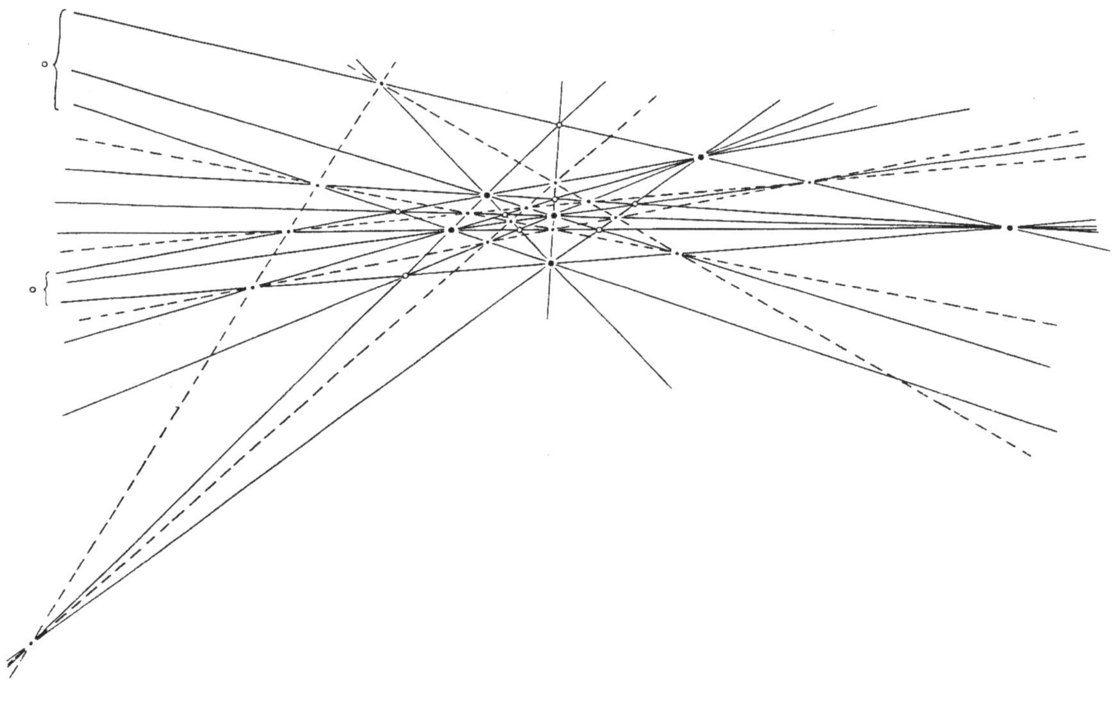

Abb. 13.11: *Allgemeiner Schnitt des Symmetriegerüstes der vollen Ikosaedergruppe mit der Fernebene, ergänzt durch 6 (gestrichelte) Geraden; Grundlage der Figuren 13.12, 13.13 und 13.14*

LITERATURHINWEIS

Ziegler [1998]

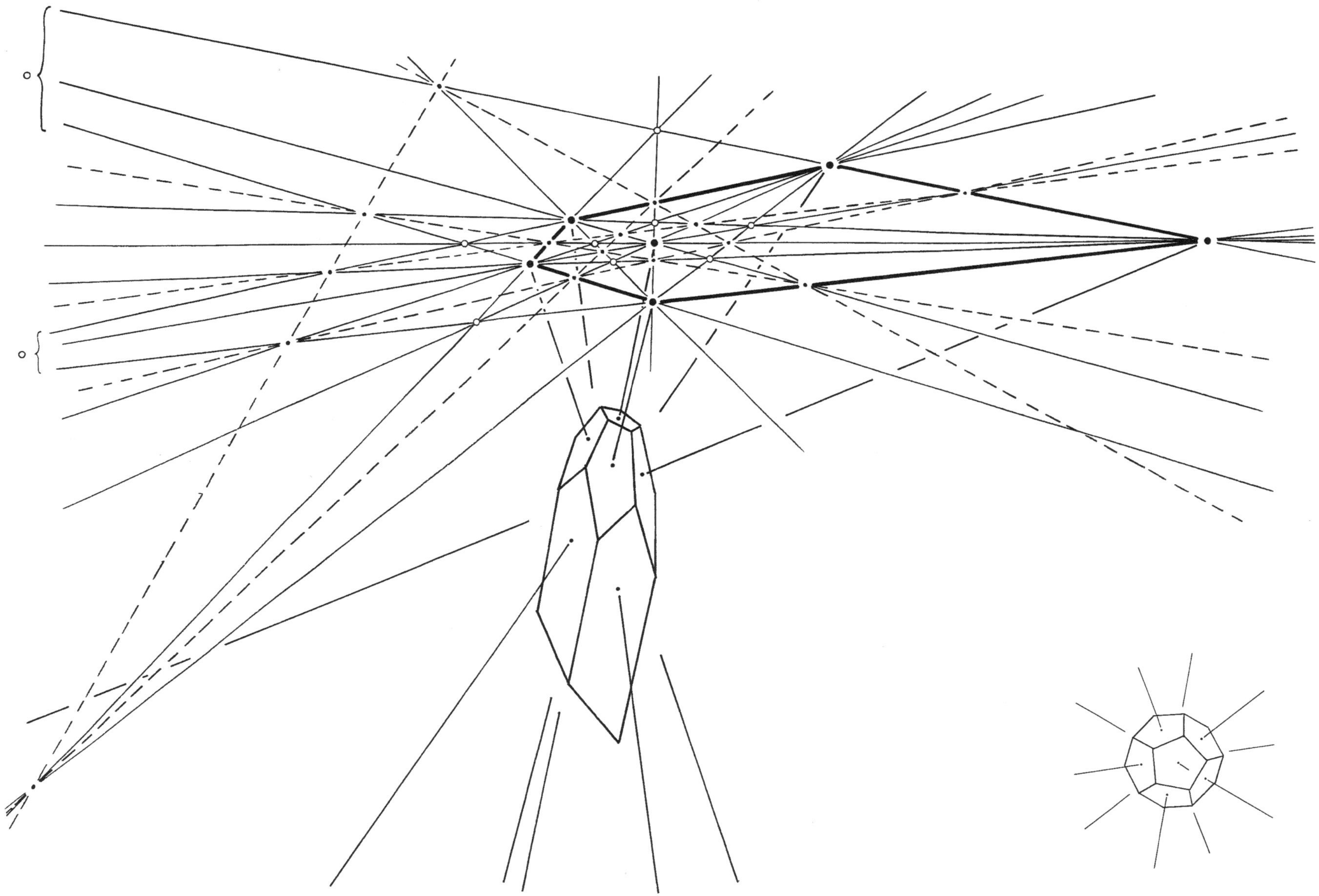

Abb. 13.12: *Pentagondodekaeder mit den sechs 5-zähligen Symmetrieachsen (projektive Darstellung und orthogonale Parallelprojektion)*

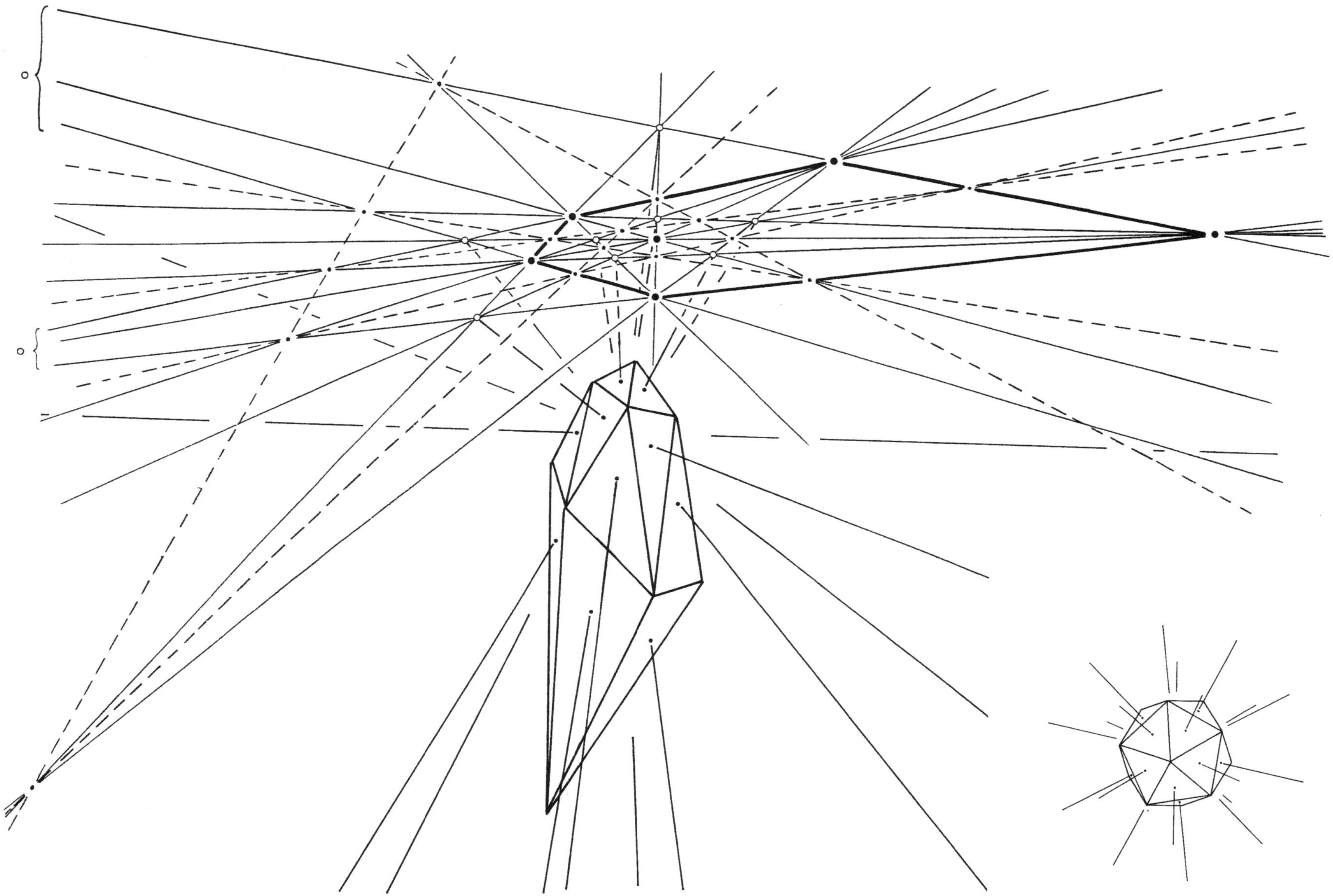

Abb. 13.13: *Ikosaeder mit den zehn 3-zähligen Symmetrieachsen (projektive Darstellung und orthogonale Parallelprojektion)*

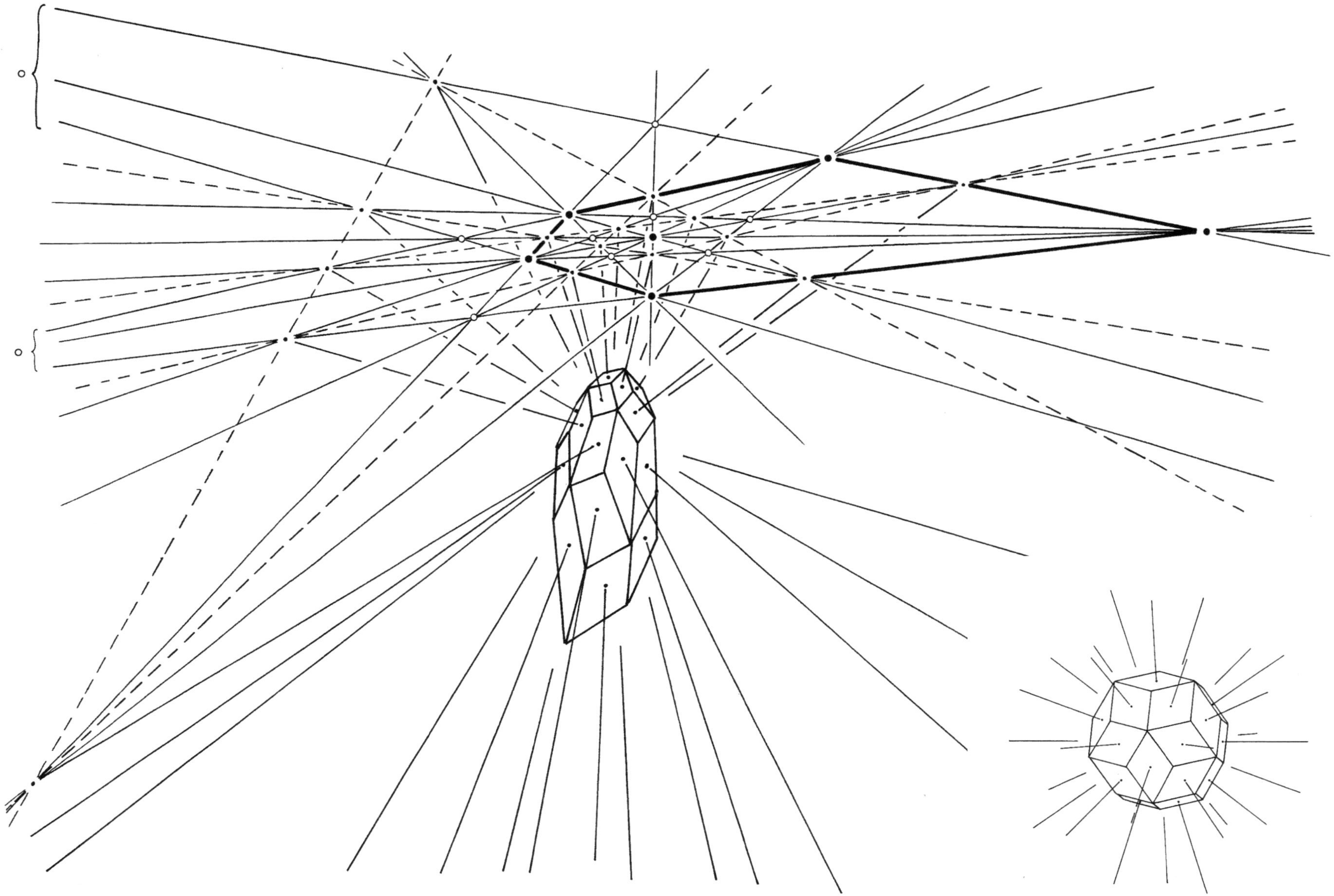

Abb. 13.14: *Rhomben-30flächner mit den fünfzehn 2-zähligen Symmetrieachsen (projektive Darstellung und orthogonale Parallelprojektion)*

14
REGULÄRE STERNPOLYEDER

Die regulären Sternpolyeder nach Kepler und Poinsot (Abb. 14.1) sind Verallgemeinerungen der Platonischen Körper auf nicht konvexe Polyeder. Diese Sternkörper erfüllen alle Eigenschaften der Platonischen Körper (Kapitel 1), außer der Konvexität und der Eigenschaft, keine Selbstdurchdringung zu haben.

Geometrisch kann man die regulären Sternkörper folgendermaßen aufbauen (Tabelle 14.1): Der *Dodekaederstern* entsteht aus dem Dodekaeder durch Verlängerung der Kanten bis zu ihrem Schnitt, ebenso der *Ikosaederstern*. Der *große Dodekaederstern* oder *Poinsot-Dodekaederstern* entsteht aus einem Ikosaeder, wenn alle ein ebenes Fünfeck bildenden Kanten zu einer Fläche verbunden werden. Der *große Ikosaederstern* oder der *Poinsot-Ikosaederstern* entsteht aus einem Dodekaederstern, wenn alle ein Dreieck bildenden Kanten zu einer Fläche verbunden werden.

Tabelle 14.1: *Die vier regulären Sternpolyeder*

Namen	*Flächen*	*Ecken*	*Kanten*	*Hülle*	*Kern*
Kleines Fünfstern-Dodekaeder, Dodekaederstern, Kepler-Dodekaederstern	12 Fünfsterne	12	30 Dodekaeder-kanten	Ikosaeder	Dodekaeder
Fünfeck-Dodekaederstern, Großer Dodekaederstern, Poinsot-Dodekaederstern	12 Fünfecke	12	30 Ikosaeder-kanten	Ikosaeder	Dodekaeder
Großes Fünfstern-Dodekaeder, Ikosaederstern, Kepler-Ikosaederstern	12 Fünfsterne	20	30 Ikosaeder-kanten	Dodekaeder	Ikosaeder
Dreieck-Ikosaederstern, Großer Ikosaederstern, Poinsot-Ikosaederstern	20 Dreiecke	12	30 Dodekaeder-kanten	Ikosaeder	Dodekaeder

LITERATURHINWEIS

Adam/Wyss [1984], Coxeter [1973], Cundy/Rollett [1961], Hagnauer [1985], Quaisser [1986]

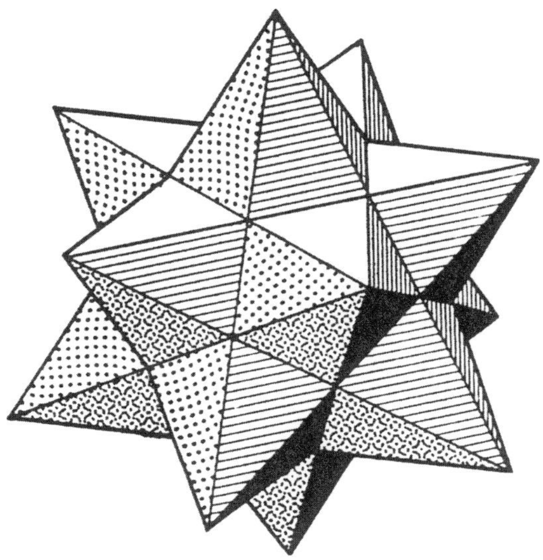

Dodekaederstern
Kepler-Dodekaederstern

Ikosaederstern
Kepler-Ikosaederstern

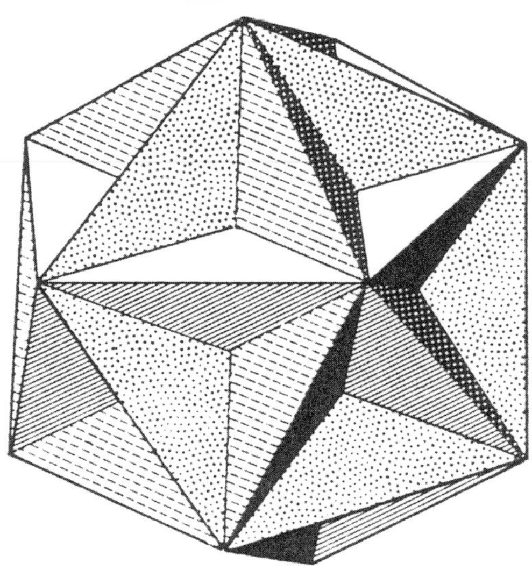

Großer Dodekaederstern
Poinsot-Dodekaederstern

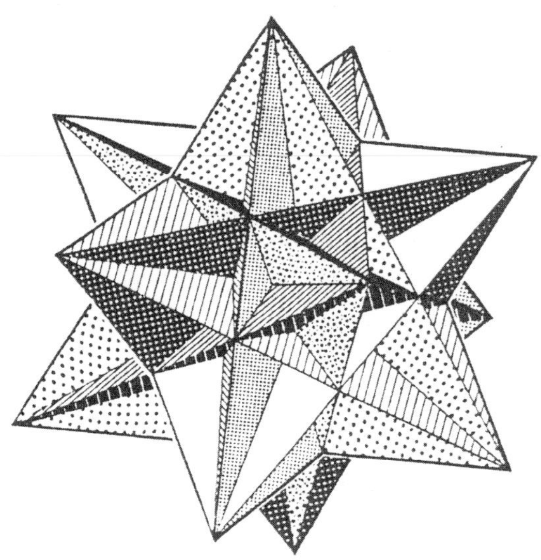

Großer Ikosaederstern
Poinsot-Ikosaederstern

Abb. 14.1: *Die vier regulären Sternpolyeder*

15
VERWANDTSCHAFTEN VON SYMMETRISCHEN POLYEDERN

Die Tabelle 15.1 gibt eine Übersicht der wichtigsten bisher mathematisch untersuchten Klassen von symmetrischen Polyedern; sie ist eine Art Umkehrung der Abbildung 1.1.

Neben einigen gängigen Namen für die verschiedenen Klassen von Polyedern werden charakteristische Eigenschaften sowie die Anzahl der entsprechenden Klassen genannt. Dabei bedeutet zum Beispiel 2 · **N**, daß es zwei Klassen von Polyeder-Serien gibt (etwa die Klassen der n-Prismen und n-Antiprismen für n = 3, 4, 5, ...).

Mit einem Pfeilen ↓ wird die gegenseitige Beziehung zweier Klassen festgehalten: ein Pfeil von Klasse A zu Klasse B bedeutet, daß Klasse B in Klasse A als Spezialfall enthalten ist, das heißt, daß die Polyeder der Klasse B zusätzliche Eigenschaften erfüllen.

Man beachte, daß alle Klassen außer den Kombinationspolyedern die Platonischen Körper als Spezialfälle enthalten.

In eckigen Klammern [...] werden bei kleineren Klassen die entsprechenden Polyedertypen namentlich angegeben.

Für weitere Erläuterungen verweisen wir auf die Literatur.

LITERATURHINWEIS

Ziegler [1998]

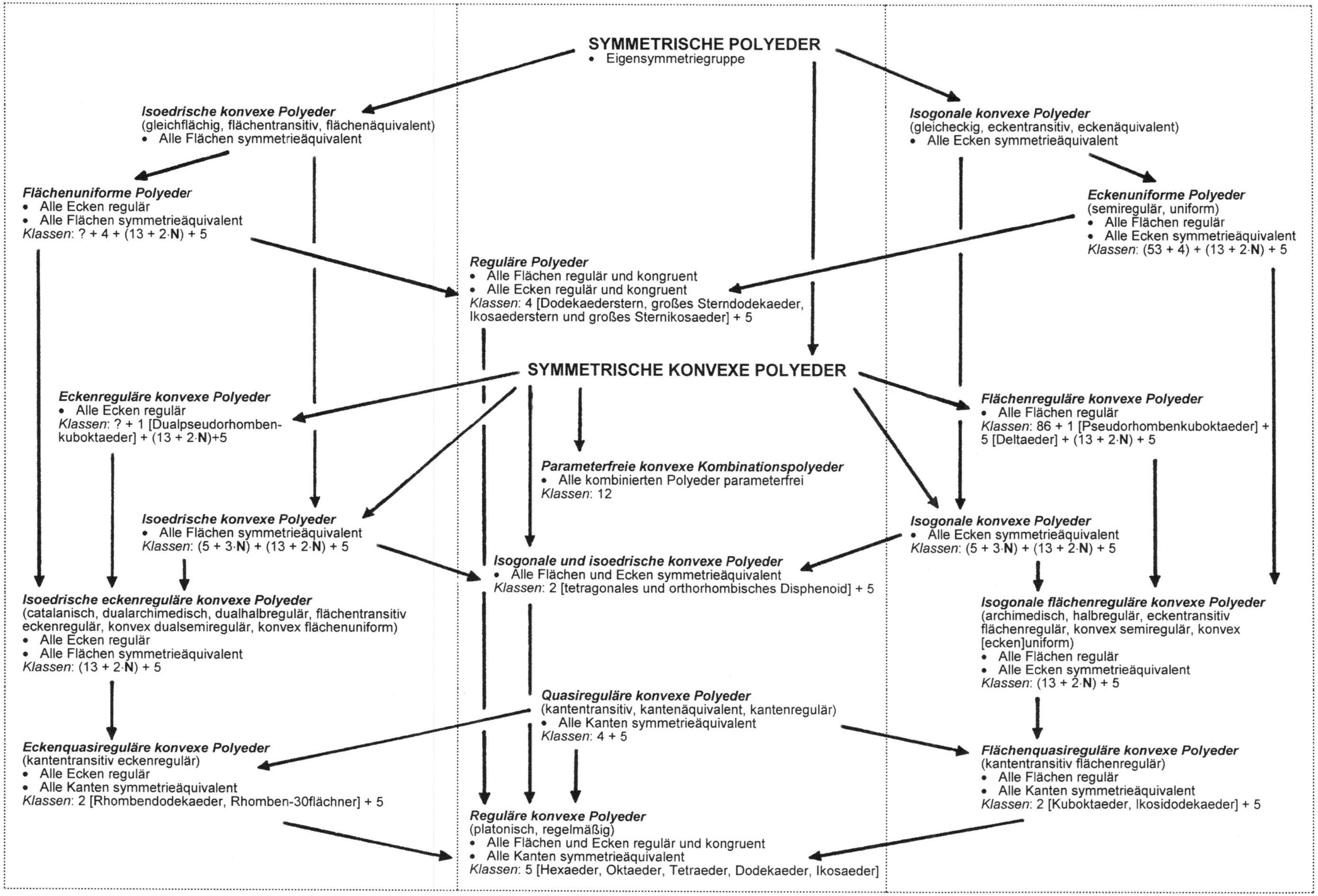

Tabelle 15.1: *Klassen von symmetrischen Polyedern*

16
ZUSAMMENSETZUNGEN VON POLYEDERN

Orientiert man sich soweit wie möglich an den Platonischen Körpern für den allgemeinen Begriff des Polyeders (Kapitel 1), so sind die folgenden Raumgebilde keine Polyeder, obwohl sie durch ebene Flächen begrenzt sind. Daß sie nicht konvex sind und Selbstdurchdringungen aufweisen, stellt noch kein Problem dar, denn auch die regulären Sternpolyeder aus Kapitel 14 haben diese Eigenschaften und können trotzdem als Polyeder im Sinne der Platonischen Polyeder aufgefaßt werden.

Die nachstehend beschriebenen und teilweise abgebildeten Raumkörper sind in folgendem Sinne *zusammengesetzte Polyeder*: Ihre jeweilige Gesamtheit von Flächen kann in disjunkte (elementfremde) Teilmengen gegliedert werden, die je für sich wieder ein vollständiges Polyeder bilden.

HEXAEDER, TETRAEDER UND OKTAEDER

Jedem Hexaeder kann auf zwei Weisen ein Tetraeder einbeschrieben werden, diese haben als Durchdringungskörper ein Oktaeder und bilden einen *Tetraederzwilling*, nach Kepler auch *stella octangula* oder *Oktaederstern* genannt (Abb. 16.1). Die beiden Tetraeder sind relativ zur Kantenkugel polar zueinander. – Ein Hexaeder kann mit einem zu ihm polaren Oktaeder bezüglich der Kantenkugel zu einem zusammengesetzten Polyeder vereinigt werden, dessen Kern aus einem Kuboktaeder besteht (Abb. 16.2).

IKOSAEDER UND DODEKAEDER

Ein Dodekaeder kann mit einem zu ihm polaren Ikosaeder bezüglich der Kantenkugel zu einem zusammengesetzten Polyeder vereinigt werden, dessen Kern aus einem Ikosidodekaeder besteht (Abb. 16.3).

HEXAEDER UND DODEKAEDER

Jedem Dodekaeder kann ein Hexaeder einbeschrieben werden, wobei auf jeder Fläche genau eine Hexaederkante liegt (Abb. 16.4). Diese bilden eine Seite eines Pentagramms. Insgesamt können auf diese Weise einem Dodekaeder fünf Hexaeder einbeschrieben werden, deren Kanten die Pentagramme in den Flächen des Dodekaeders bilden. Dies ergibt einen *Hexaederfünfling* im Dodekaeder (Abb. 16.6). Umgekehrt können einem Hexaeder zwei Dodekaeder umbeschrieben (oder einbeschrieben) werden: *Dodekaederzwilling* um (oder im) Hexaeder.

Aus dem Hexaederfünfling im Dodekaeder mit den Tetraederzwillingen in den Hexaedern erhält man einen *Tetraederzehnling* im Dodekaeder. Dieser kann in je zwei punktspiegelsymmetrische *Tetraederfünflinge* (Abb. 16.8) gegliedert werden.

IKOSAEDER UND OKTAEDER

Einem Ikosaeder kann ein Oktaeder umbeschrieben werden (Abb. 16.5) und zwar auf fünf verschiedene Arten. Dies ergibt einen *Oktaederfünfling* um ein Ikosaeder (Abb. 16.7). Wird jedes dieser Oktaeder als Durchdringungskörper zweier Tetraeder aufgefaßt, so erhält man daraus wieder einen Tetraederzehnling.

Umgekehrt kann einem Oktaeder auf zwei Arten ein Ikosaeder einbeschrieben (oder umbeschrieben) werden: *Ikosaederzwilling* in (oder um) Oktaeder.

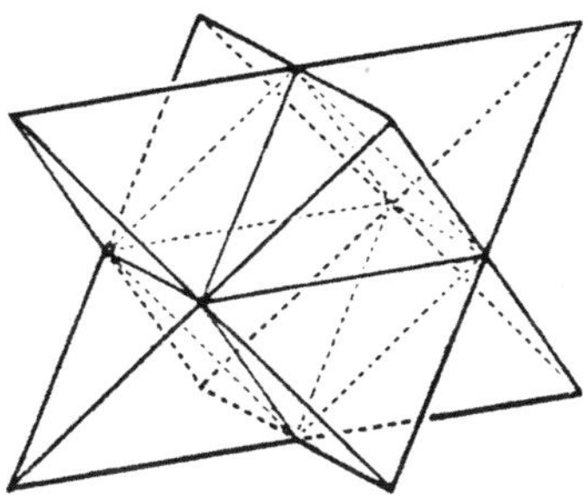

Abb. 16.1: *Tetraederzwilling: Polare Tetraeder mit derselben Kantenkugel*

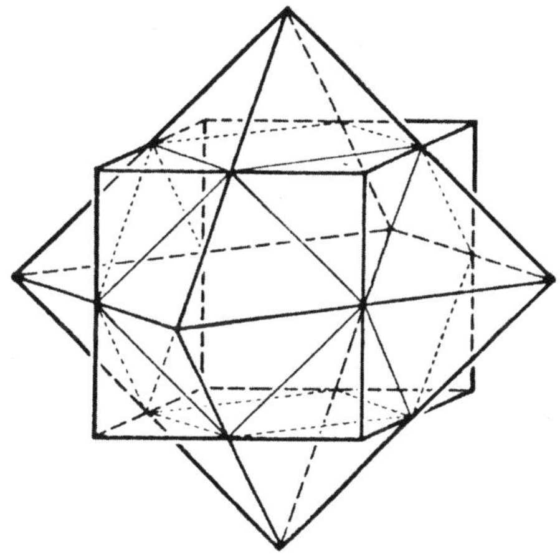

Abb. 16.2: *Polare Hexaeder und Oktaeder mit derselben Kantenkugel*

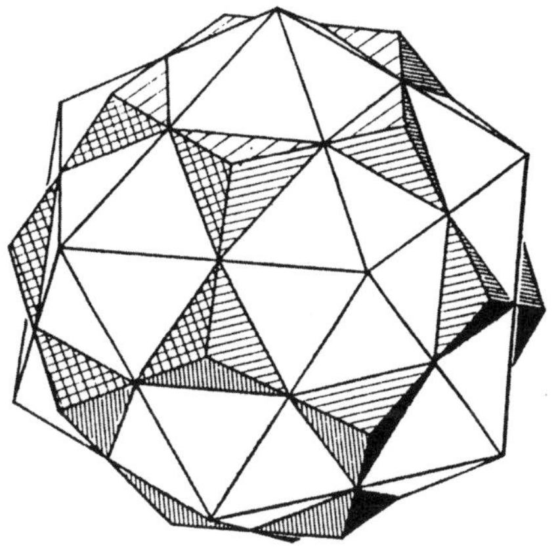

Abb. 16.3: *Polare Dodekaeder und Ikosaeder mit derselben Kantenkugel*

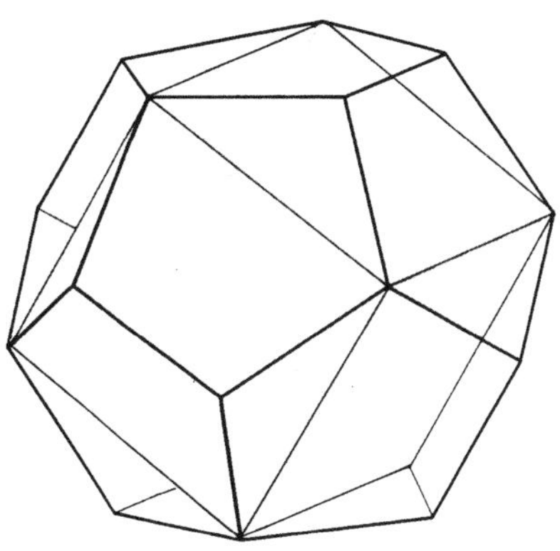

Abb. 16.4: *Hexaeder in Dodekaeder*

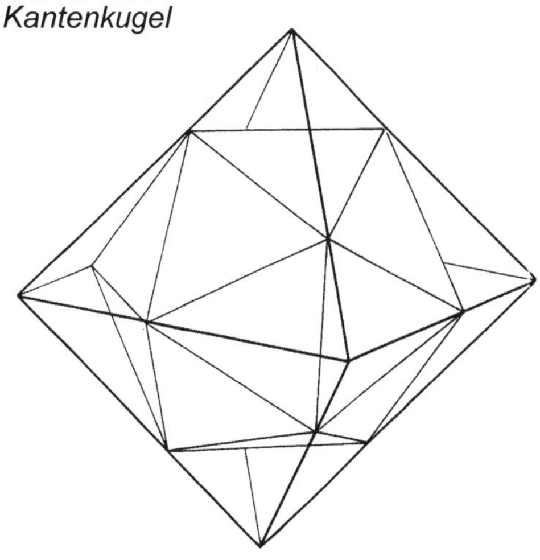

Abb. 16.5: *Oktaeder um Ikosaeder*

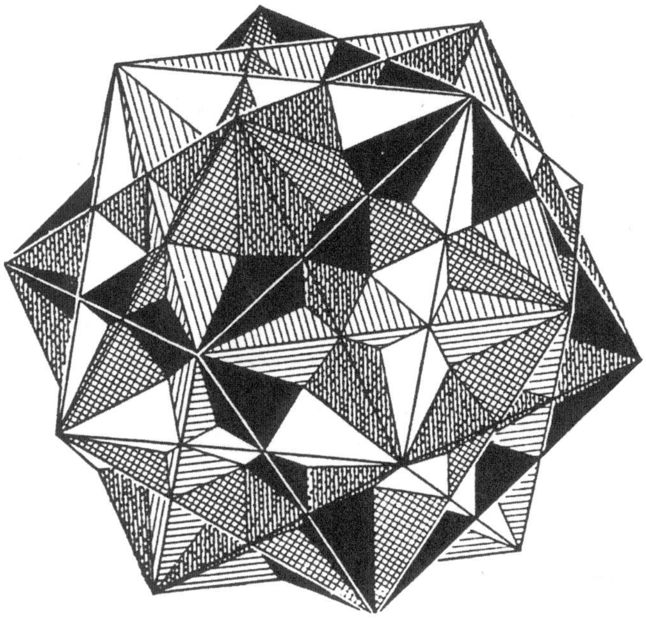

Abb. 16.6: *Hexaederfünfling*

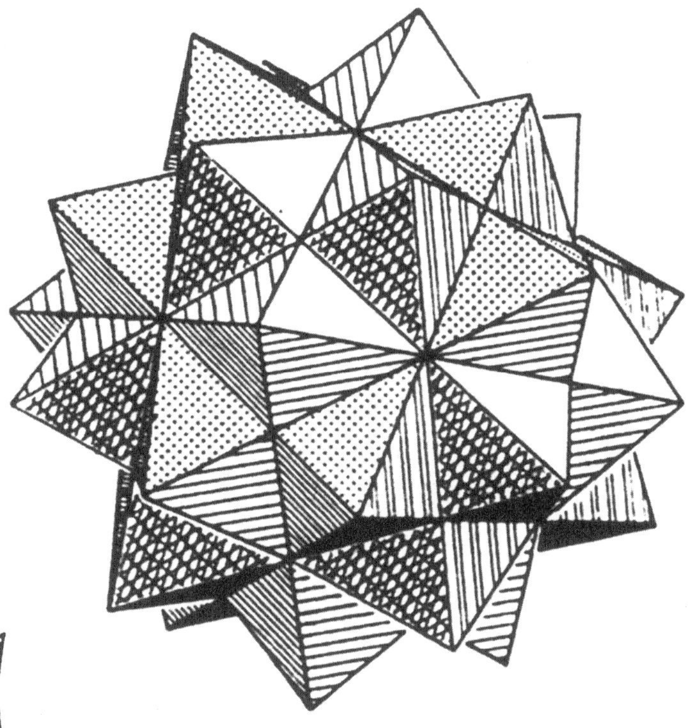

Abb. 16.7: *Oktaederfünfling*

Abb. 16.8: *Tetraederfünfling*

ZUSAMMENSCHAU

Die meisten der hier vorgestellten zusammengesetzten Polyeder lassen sich anhand der 190 Verbindungsgeraden (Diagonalen) aller Dodekaederecken oder dual dazu anhand der 190 Schnittgeraden aller Flächen des Ikosaeders wiederfinden.

Im ersten Fall erhält man im Dodekaeder (30 Geraden) einen Hexaederfünfling ($5 \times 12 = 60$ Geraden), darin einen Tetraederzehnling ($2 \times 5 \times 6 = 60$ Geraden), darin einen Oktaederfünfling und zuinnerst ein Ikosaeder (30 Geraden). Zusammen mit den 10 Raumdiagonalen durch den Mittelpunkt ergeben sich genau die 190 Verbindungsgeraden aller Ecken.

Im zweiten Fall erhält man um das Ikosaeder einen Oktaederfünfling, darum einen Tetraederzehnling, darum einen Hexaederfünfling und schließlich ganz außen ein Dodekaeder.

Da alle vier regulären Sternpolyeder aus Ikosaederkanten oder Dodekaedekanten gebildet werden können (Kapitel 14), kann man alle vier auch in den oben beschriebenen Gebilden wiederfinden.

LITERATURHINWEIS

Coxeter [1973], Cundy/Rollett [1961], Emde [1964], [1979], Verheyen [1996]

17
RÄUMLICHE KONFIGURATIONEN

Eine *räumliche projektive Konfiguration* ist eine endliche Menge von Punkten, Geraden und Ebenen so, daß durch jeden Punkt gleich viele Geraden und gleich viele Ebenen gehen, durch jede Gerade gleich viele Ebenen gehen und gleich viele Punkte in ihr liegen sowie in jeder Ebene gleich viele Punkte und gleich viele Geraden liegen. Die jeweiligen Anzahlen können jedoch alle voneinander verschieden sein.

Für *selbstduale* oder *selbstpolare* Konfigurationen ist die Anzahl der Punkte gleich der Anzahl der Ebenen, und durch jeden Punkt gehen genau so viele Geraden, wie Geraden in einer Ebene liegen, und durch jeden Punkt gehen genau so viele Ebenen, wie Punkte in jeder Ebene liegen, und schließlich gehen durch jede Gerade genau so viele Ebene, wie Punkte auf ihr liegen.

Durch Verlängerung der Flächen und Kanten bis ins Unendliche erhält man aus jedem Platonischen Körper eine Konfiguration mit so vielen Punkten, Geraden und Ebenen, wie der Körper Ecken, Kanten bzw. Flächen hat.

Bei einem regulären Hexaeder oder Oktaeder liegen einige der auf diese Weise bestimmten Geraden und Punkte in der Fernebene (Kapitel 18). Bei einem regulären Ikosaeder oder Dodekaeder liegen alle Punkte und Geraden der Konfiguration im endlichen Bereich (Abb. 17.3 und 17.4).

Man erhält aus einer Ikosaeder- und Dodekaeder-Konfiguration auch unmittelbar einen Ikosaederstern und einen großen Dodekaederstern bzw. einen Dodekaederstern und einen großen Ikosaederstern (Kapitel 14).

Eine geeignete Ergänzung der Hexaeder- oder Oktaederkonfiguration zum *vollständigen Hexaeder bzw. Oktaeder* führt auf eine selbstduale Konfiguration, die sogenannte *Reye-Konfiguration* oder *Fundamentalstruktur* (Abb. 17.1 und 17.2) mit 12 Punkten, 16 Geraden und 12 Ebenen. In jeder Ebene der Konfiguration liegen 6 Punkte und 4 Geraden, in jeder Geraden der Konfiguration 3 Punkte und 3 Ebenen und in jedem Punkt der Konfiguration 6 Ebenen und 4 Geraden.

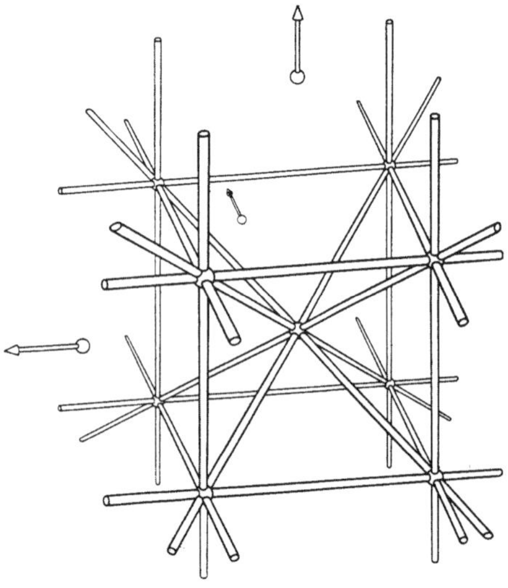

Abb. 17.1: *Vervollständigung der Hexaeder-Konfiguration zur Reye-Konfiguration*

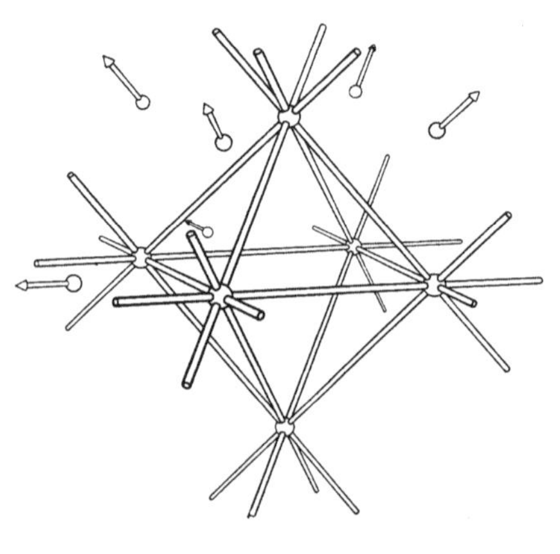

Abb. 17.2: *Vervollständigung der Oktaeder-Konfiguration zur Reye-Konfiguration*

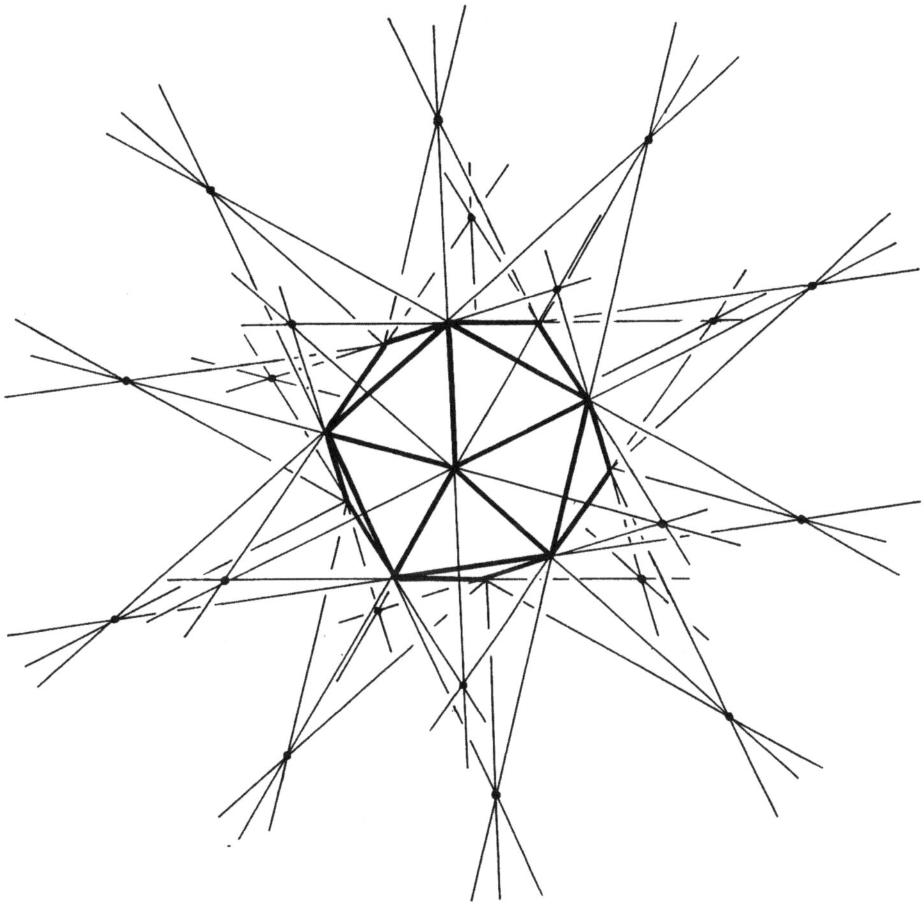

Abb. 17.3: *Ikosaeder-Konfiguration*

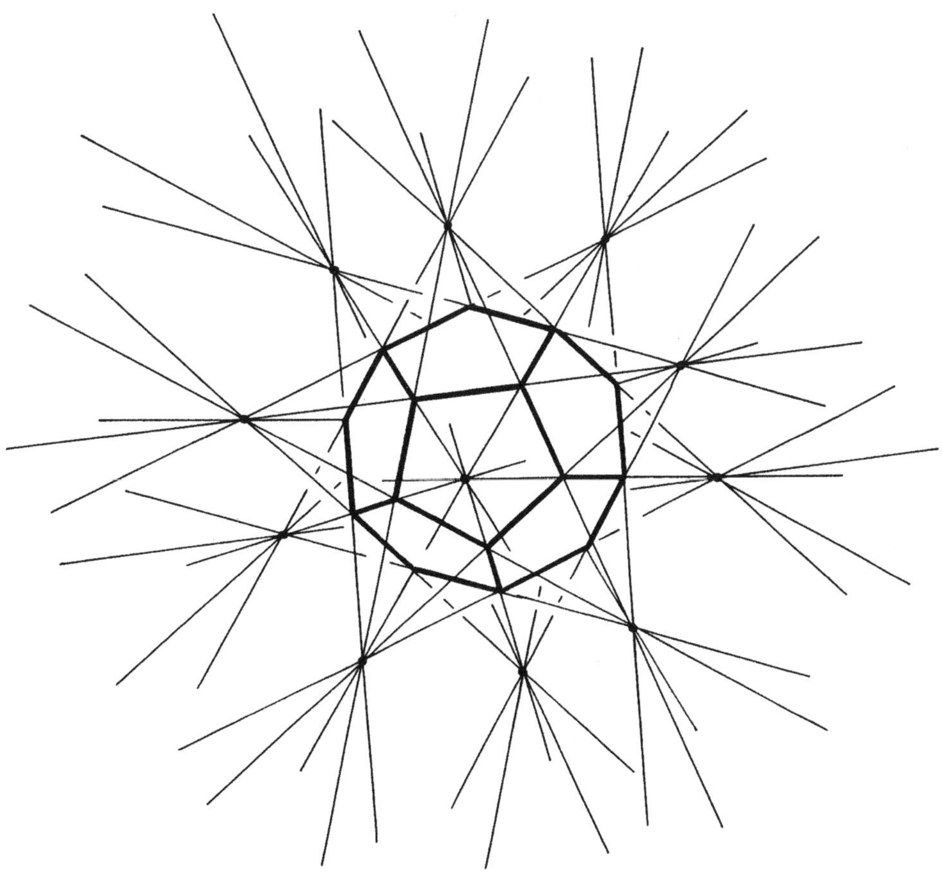

Abb. 17.4: *Dodekaeder-Konfiguration*

Eine geeignete Ergänzung der Dodekaeder- oder Ikosaeder-Konfiguration zum *vollständigen Dodekaeder bzw. Ikosaeder* führt auf eine selbstduale Konfiguration, die sogenannte *Hess-Konfiguration* (Abb. 17.5) mit 60 Punkten, 72 Geraden und 60 Ebenen. In jeder Ebene der Konfiguration liegen 15 Punkte und 6 Geraden, in jeder Geraden der Konfiguration 5 Punkte und 5 Ebenen und in jedem Punkt der Konfiguration 15 Ebenen und 6 Geraden.

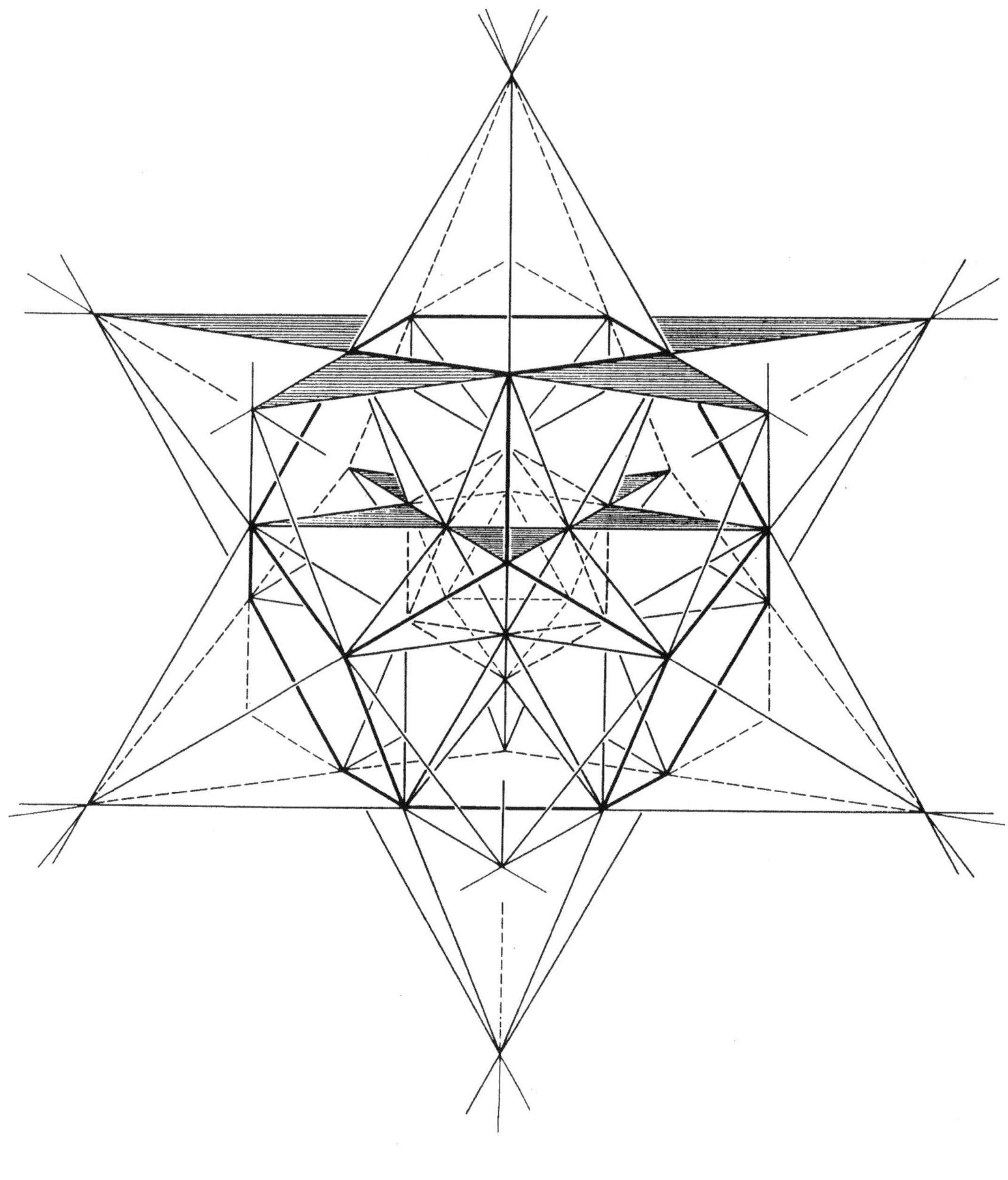

Abb. 17.5: *Hess-Konfiguration*

LITERATURHINWEIS

Bernhard [1984] [1996], Hilbert/Cohn-Vossen [1932], Emde [1958], Locher [1953] [1957], Ziegler [1998]

18
PROJEKTIVE DARSTELLUNG RÄUMLICHER KONFIGURATIONEN

Die projektive Darstellung von Konfigurationen knüpft an Kapitel 13 an. Bei der projektiven Darstellung der Hexaeder-Konfiguration in Abbildung 18.3 gehen die drei Scharen von je vier parallelen Kantengeraden durch die 3 Fernpunkte, in denen die 4-zähligen Symmetrieachsen die Fernebene durchstossen.

Man beachte, daß zur Hexaeder-Konfiguration keine der Geraden der Fernebene dazu gehört. Projektive Darstellungen der Reye-Konfiguration zeigen die Abbildung 18.1 und 18.2. Projektive Darstellungen der Dodekaeder-Konfiguration und der Ikosaeder-Konfiguration zeigen die Abbildungen 18.4 und 18.5.

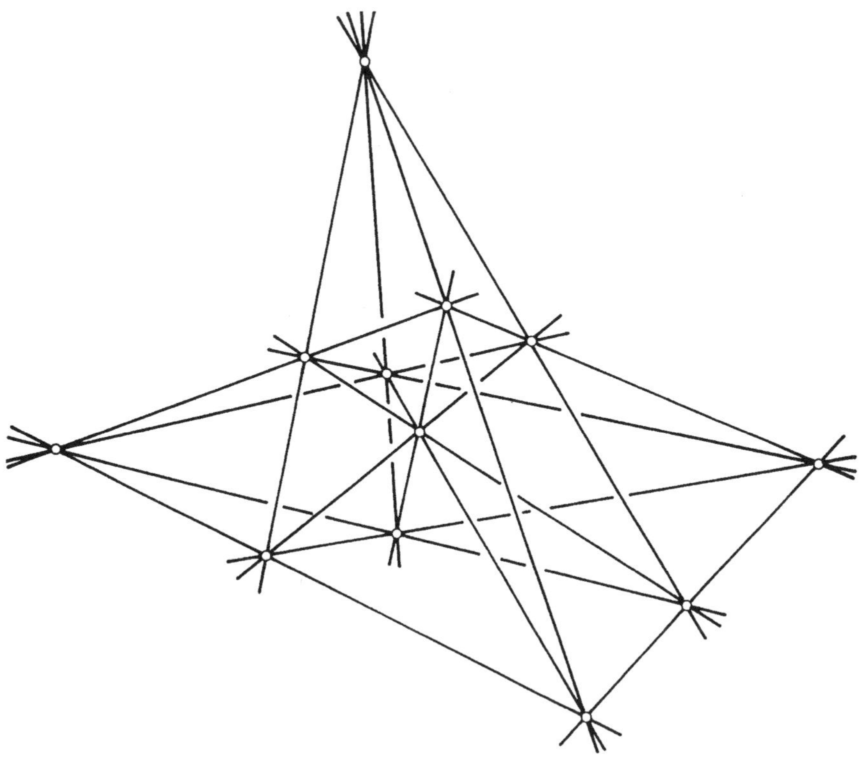

Abb. 18.1: *Projektive Darstellung der Reye-Konfiguration als Vervollständigung einer Hexaederkonfiguration*

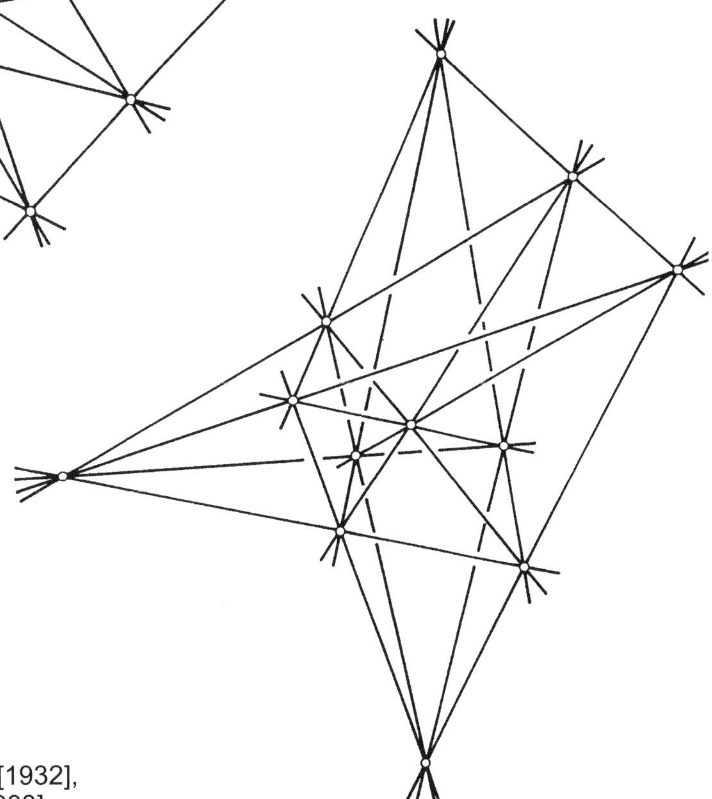

Abb. 18.2: *Projektive Darstellung der Reye-Konfiguration als Vervollständigung einer Oktaederkonfiguration*

LITERATURHINWEIS

Bernhard [1984] [1996], Hilbert/Cohn-Vossen [1932], Emde [1958], Locher [1953] [1957], Ziegler [1998]

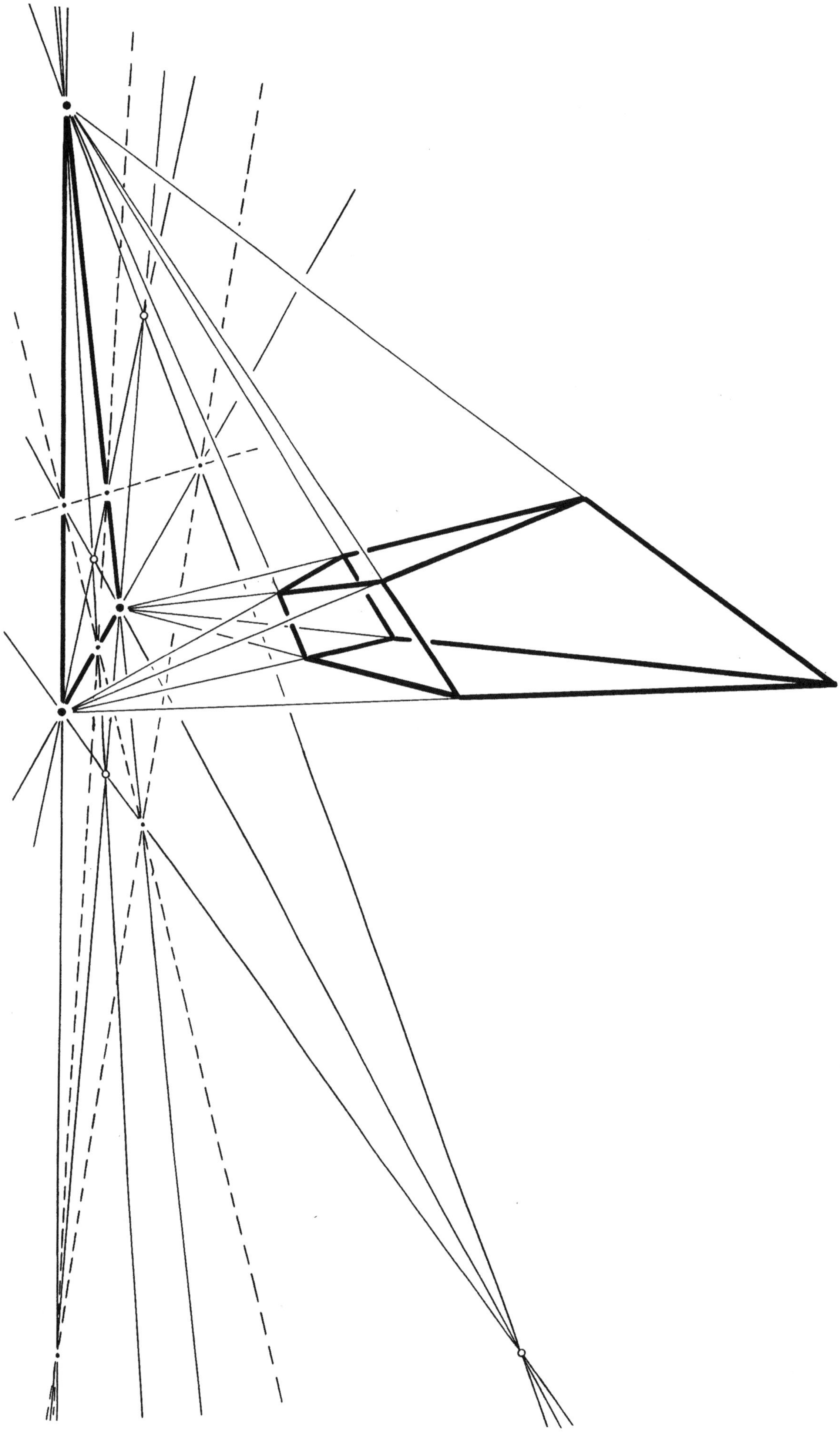

Abb. 18.3: *Projektive Darstellung der Hexaeder-Konfiguration*

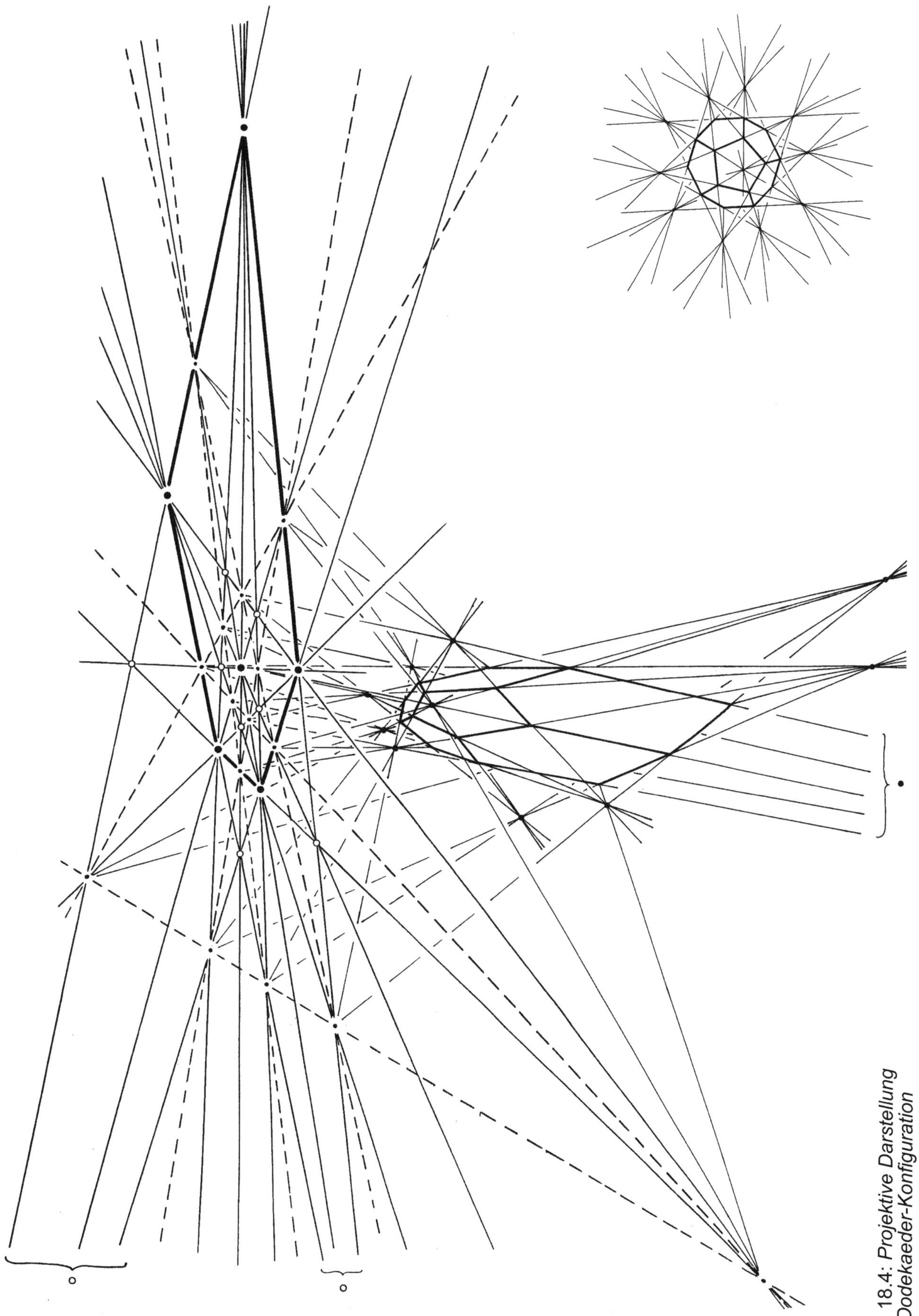

Abb. 18.4: *Projektive Darstellung der Dodekaeder-Konfiguration*

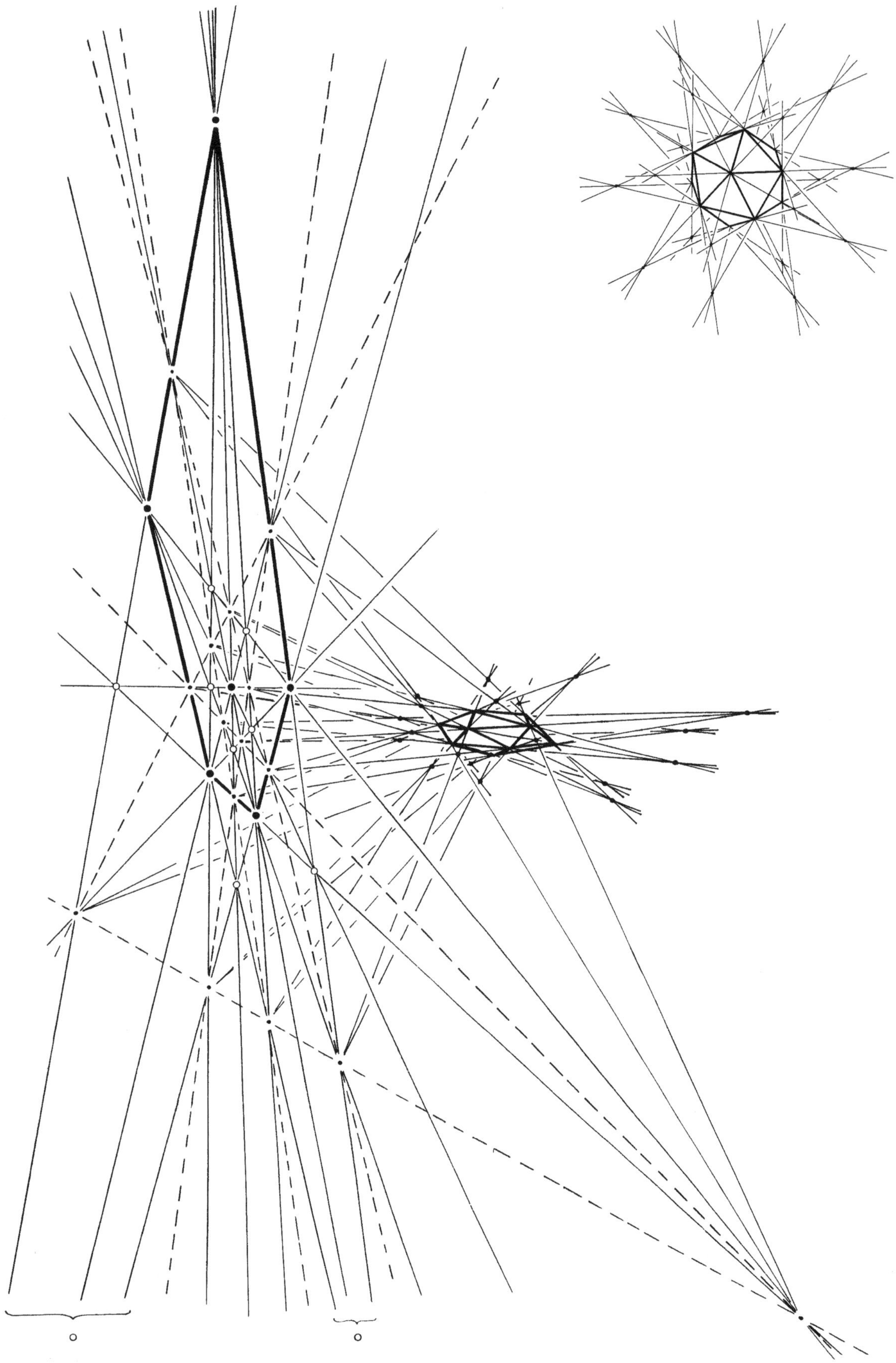

Abb. 18.5: *Projektive Darstellung der Ikosaeder-Konfiguration*

19
DREIDIMENSIONALE DARSTELLUNGEN VIERDIMENSIONALER WÜRFEL

Die Veranschaulichung verschiedener dreidimensionaler Darstellungen eines vierdimensionalen Würfels, kurz 4-Würfel, knüpft an die entsprechenden Darstellungen 3-dimensionaler Würfel oder 3-Würfel an.

Aus den im folgenden in Analogie zu ebenen Darstellungen eines 3-Würfels entwickelten Darstellungen eines 4-Würfels können die nachstehenden Tatsachen entnommen werden.

Ein 3-Würfel hat 8 Ecken und ein 4-Würfel $2 \times 8 = 16$ Ecken.

Ein 3-Würfel hat 12 Kanten und ein 4-Würfel $2 \times 12 + 8 = 32$ Kanten

Ein 3-Würfel hat 6 Flächen und ein 4-Würfel $2 \times 6 + 12 = 24$ Flächen

Ein 3-Würfel hat 1 Zelle und ein 4-Würfel $6 + 2 = 8$ Zellen.

ZENTRALPROJEKTION

Die orthogonale Zentralprojektion eines 3-Würfels auf eine Ebene ergibt zwei ineinander liegende Quadrate, deren Ecken miteinander verbunden sind (Abb. 19.1). Es ergeben sich so aus den 6 Flächen des 3-Würfels 6 ebene Flächenstücke, von denen 4 trapezförmig sind; die quadratischen Projektionen der Deck- und Grundfläche liegen ineinander.

Die entsprechende Zentralprojektion eines 4-Würfels in den dreidimensionalen Raum ergibt 8 Zellen, von denen die beiden 3-würfelförmigen ineinander liegen (Abb 19.2).

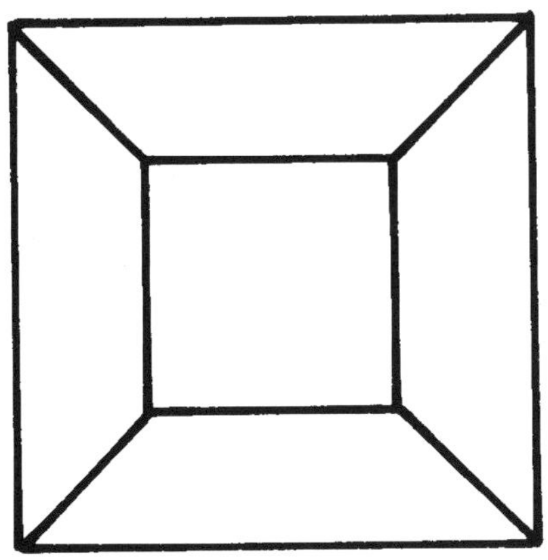

Abb. 19.1: *Orthogonale Zentralprojektion eines 3-Würfels auf eine Ebene*

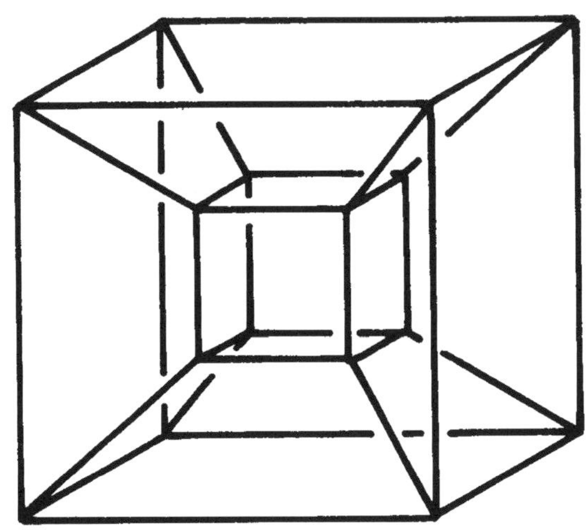

Abb. 19.2: *Orthogonale Zentralprojektion eines 4-Würfels in den dreidimensionalen Raum*

PARALLELPROJEKTION

Die (schiefe) Parallelprojektion eines 3-Würfels in eine Ebene ergibt zwei parallel verschobene Quadrate, deren Ecken miteinander verbunden sind (Abb. 19.3 links). Die 6 Flächen gehen dabei in sich teilweise überschneidende Parallelogramme über. Als Spezialfall ergibt sich beim Zusammenfallen zweier Ecken ein schiefes Sechseck (Abb. 19.3 mitte). Wählt man die Projektionsrichtung entlang einer 3-zähligen Drehachse (Raumdiagonale des 3-Würfels), so ergibt sich als Projektion ein reguläres Sechseck (Abb. 19.3 rechts).

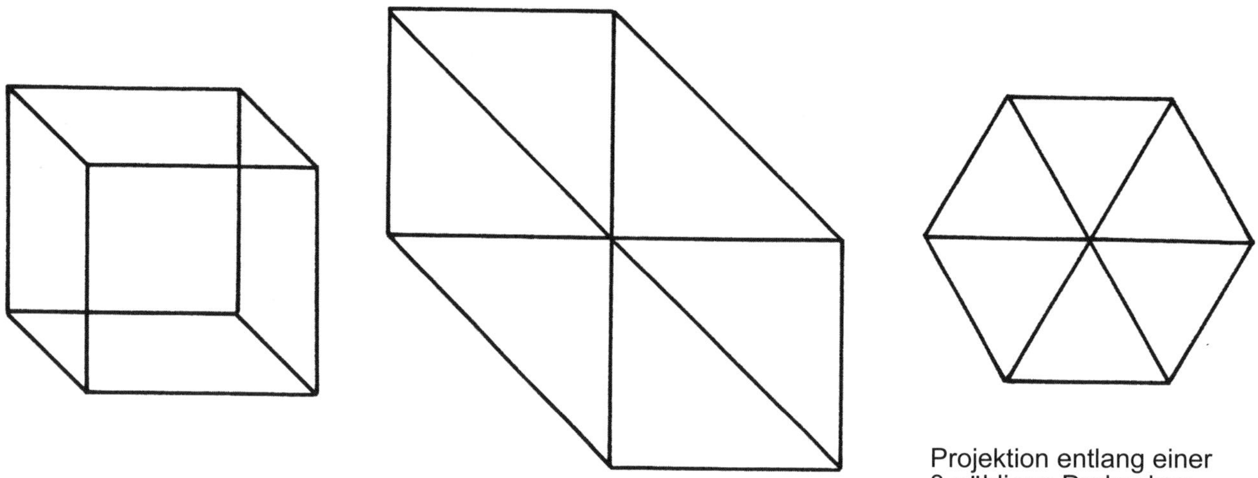

Allgemeiner Fall | Zwei zusammenfallende Ecken | Projektion entlang einer 3-zähligen Drehachse (reguläres Sechseck mit Diagonalen)

Abb. 19.3: *Schiefe Parallelprojektionen eines 3-Würfels auf eine Ebene*

Die entsprechenden Parallelprojektionen eines 4-Würfels in den dreidimensionalen Raum zeigt Abbildung 19.4. Aus den 8 Zellen des 4-Würfels werden dabei 8 teilweise sich überschneidende Parallelepipede (Abb. 19.4 links). Fallen zwei Punkte zusammen, so ergibt sich ein schiefes Rhombendodekaeder mit Diagonalen in den dreikantigen Ecken (Abb. 19.4 mitte). Wählt man die Projektionsrichtung entlang einer 3-zähligen Drehachse, so ergibt sich ein Dualarchimedisches Rhombendodekaeder mit Diagonalen in seinen dreikantigen Ecken (Abb. 19.4 rechts).

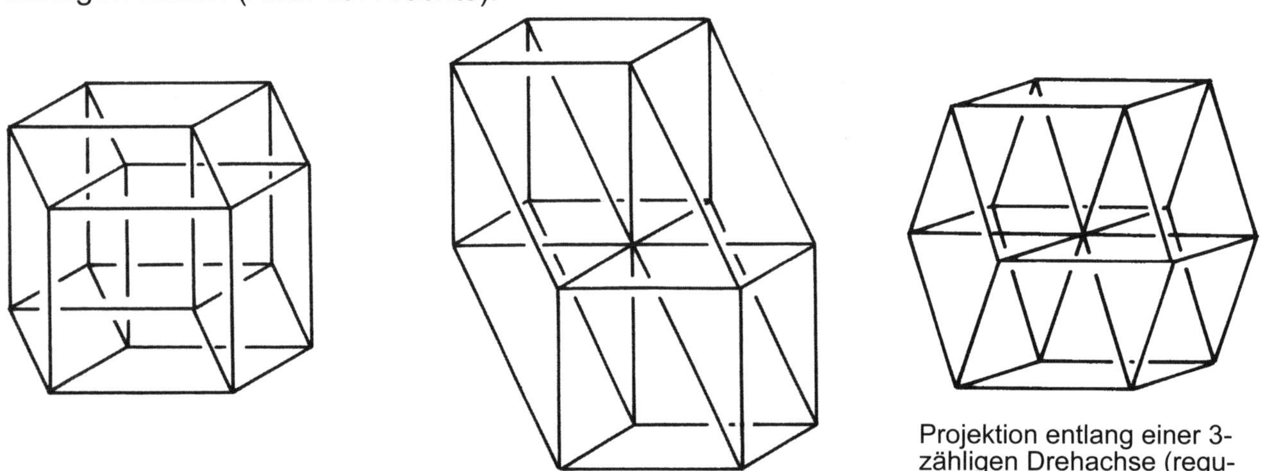

Allgemeiner Fall | Zwei zusammenfallende Ecken | Projektion entlang einer 3-zähligen Drehachse (reguläres Rhombendodekaeder mit Diagonalen)

Abb. 19.4: *Schiefe Parallelprojektionen eines 4-Würfels in den Raum*

ABWICKLUNG

Die Abwicklung der Flächen eines 3-Würfels auf eine Ebene ergibt eine Figur mit sechs zusammenhängenden Quadraten, von denen eines von vier anderen Quadraten eingerahmt wird und zweidimensional nicht sichtbar ist (Abb. 19.5).

Die Abwicklung eines 4-Würfels in den Raum ergibt acht 3-Würfel, von denen einer ganz von vier anderen 3-Würfeln umgeben ist, also dreidimensional nicht sichtbar ist (Abb. 19.6).

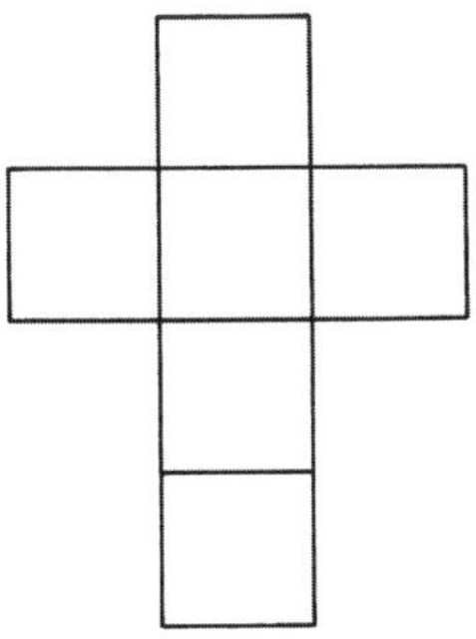

Abb. 19.5: *Abwicklung der 6 Flächen eines 3-Würfels in eine Ebene*

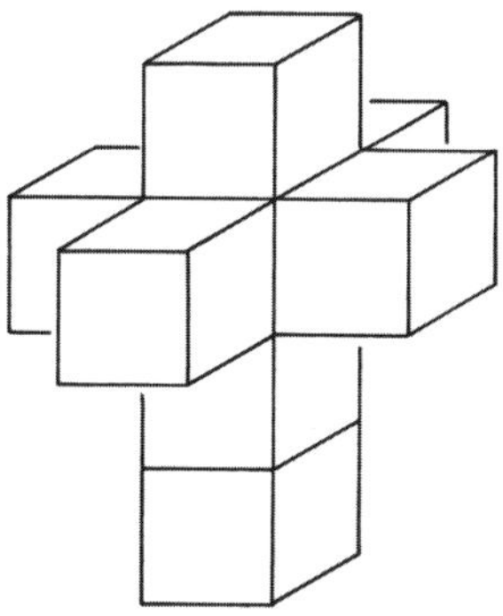

Abb. 19.6: *Abwicklung der 8 Zellen eines 4-Würfels in den Raum*

ANMERKUNG

Aus der Sicht der anthroposophischen Geisteswissenschaft Rudolf Steiners wird das Problem einer vierten Dimension des Raumes besprochen in: Rudolf Steiner, «Die vierte Dimension – Mathematik und Wirklichkeit», Hörernotizen von Vorträgen über den mehrdimensionalen Raum und von Fragenbeantwortungen zu mathematischen Themen, Dornach: Rudolf Steiner Verlag 1995 (GA 324a).

LITERATURHINWEIS

Banchoff [1991], Coxeter [1973]

20
PLATONISCHE UMSTÜLPMODELLE
(Wolfgang Maas)

UMSTÜLPMODELLE PLATONISCHER KÖRPER

Aus der Betrachtung des Würfelmodelles von Paul Schatz und aufgrund eigener Versuche mit Umstülpungsmodellen entwickelte die Familie Sykora (damals Ost-Berlin) den Gedanken, es müsse für alle Platonischen Körper eine Umstülpungsbewegung geben mit folgenden Eigenschaften:

- Die Anzahl und gegenseitige Beziehung der geometrischen Elemente (Flächen, Kanten, Ecken) des Ausgangskörpers sollen im Umstülpungsprozeß erhalten bleiben. Daraus folgt, daß der aus dem ursprünglichen Platonischen Körper hervorgehende, durch den beweglichen Modellkörper induzierte (ideelle) Körper sich in jeder Umstülpungsphase der kontinuierlichen, zyklischen Bewegung aus den Eigenschaften des Modellkörpers eindeutig ableiten läßt.
- Durch die Umstülpung des Ausgangskörpers entsteht eine Hohlform, die allseitig in einer charakteristischen Sternform von dem Modell umgeben ist. Innen und außen vertauschen relativ zur Oberfläche des Körpers ihre Plätze.
- Bei der Umstülpung gehen einige Eckpunkte des (ideellen) Körpers durch das Unendliche. Der ganze Raum wird in die Umstülpung mit einbezogen.
- Alle Flächenneigungswinkel verwandeln sich über einen vollständigen Ebenendurchgang zu dem Komplement bezüglich des Vollwinkels.

Um diese Eigenschaften zu ermöglichen, müssen die Konstruktionsmerkmale des Modells erweitert und das von Paul Schatz gefundene Umstülpungsprinzip weiterentwickelt werden. Dies betrifft den Verzicht auf Zwanglauf und die Hinzunahme von Flächenmitten-Symmetrieachsen als Gelenkachsen. So enthält jedes Segment einerseits ein Kantengelenk, andererseits ein «Mitten-Gelenk». Alle Eckpunkte müssen im Prinzip beweglich konstruiert werden. Die Riegelkörper erhalten ebenfalls Gelenke und können so die umgestülpte «Negativform» zum Sternkörper ergänzen.

An diesen Entwicklungen beteiligten sich vor allem Konrad Schneider (Würfel mit Flächenpolen) und Wolfgang Maas (Würfel mit Kantenpolen, Dodekaeder). Die Entscheidung in der «Würfelfrage» wurde von Robert Byrnes herbeigeführt, dessen Würfel mit Eckenpolen alle geforderten Eigenschaften erfüllt.

Sechs Modelle, welche eine «Platonische Umstülpung» mit allen geforderten Eigenschaften zeigen, sowie die drei anderen Würfelmodelle, sind in Tabelle 20.1 festgehalten.

Das *Tetraedermodell von Franz Sykora* hat Kantenpole, das heißt die Umstülpungsachse geht durch die Mitten gegenüberliegender Kanten (Abb. 20.1). Das Modell hat – im Gegensatz zu dem ideellen Körper – keine Spiegelsymmetrie, sondern nur Drehsymmetrie. Die Riegelkörper sind daher nicht austauschbar. Es lassen sich jeweils zwei zueinander spiegelsymmetrische Gürtelstellungen finden, die eine mit links-, die andere mit rechtsdrehender Bewegung. Die Spitzen des Modells geraten teilweise aus dem ideellen Körper heraus. Die Unendlichkeitsdurchgänge jeweils zweier Eckpunkte liegen bei 22.5°, 157.5°, 202.5°, 337.5°. Der Ebenendurchgang zeigt ein Parallelogramm. Die umgestülpte Form zeigt eine Art Pyramidentetraeder.

Tabelle 20.1: *Eigenschaften Platonischer Umstülpungsmodelle*							
Platonische Körper	*Konstrukteur des Modells*	*Umstülpungsachse geht durch (Pol)*	*Anzahl der Glieder*	*Anzahl der Kantengelenke + Mittengelenke (starr)*	*Länge des Kantengelenks (Kante = 1)*	*bewegliche + teilweise bewegliche Eckpunkte:*	*durchs Unendliche wandernde Eckpunkte*
Tetraeder	Franz Sykora	Kante	8	4 + 4	1/2	4	je 2
Oktaeder	Immo und Friedemann Sykora	Fläche	12	6 + 6 (3)	1	3 + 3	je 3
Würfel	Robert Byrnes	Ecke	12	6 + 6 (3)	1	5 + 3	je 1 + 3
Ikosaeder	Immo Sykora	Fläche	36	18 + 18 (9)	1	9 + 3	je 3
Ikosaeder	Robert Byrnes	Ecke	20	10 + 10 (5)	1	7 + 5	je 6
Dodekaeder	Wolfgang Maas	Fläche	20	10 + 10 (5)	1	15 + 5	je 5
Würfel	Paul Schatz	Ecke	6	6 + 0	$\sqrt{3}/3$	1	(2)
Würfel	Konrad Schneider	Fläche	8	4 + 4	1	0	0
Würfel	Wolfgang Maas	Kante	16	8 + 6 (4)	1/2	(8)	je 2

Das *Oktaedermodell von Immo und Friedemann Sykora* hat Flächenpole, die Umstülpungsachse geht (wie bei Ikosaeder und Dodekaeder) durch die Mitte gegenüberliegender Flächen (Abb. 20.2). Die Mittengelenke der Evolutionsseite bleiben (wie bei den Modellen von Würfel und Ikosaeder) unbewegt. An diesem Modell läßt sich am klarsten die Umstülpungsbewegung erkennen. Das Gewebe der unendlich langen Geraden zeigen dazugehörige Zeichnungen (Abb. 20.7 bis 20.25). Auf ihnen läßt sich auch der zum Oktaeder dazugehörende Würfel in der gleichen Umstülpungsbewegung erkennen. Die Unendlichkeitsdurchgänge des Modells liegen bei etwa 28.3°; 151.6°; 208.3°; 331.6°. Der Ebenendurchgang des Modells zeigt einen ebenen Sechsstern. Die Negativform zeigt einen Körper mit acht dreiseitigen Pyramidenspitzen (ähnlich Pyramidenoktaeder).

Das *Würfelmodell von Robert Byrnes* hat Eckenpole, die Umstülpungsachse geht durch gegenüberliegende Eckpunkte (Abb. 20.3). Während sich die Eckpunkte der Körper aus Dreiecksflächen direkt aus dem Schnitt verlängerter Kantengelenke ergeben, werden hier die auf der Umstülpungsachse liegenden Eckpunkte nur aus dem Schnitt der dazugehörigen drei Ebenen möglich. Die Unendlichkeitsdurchgänge der Eckpunkte einer Seite werden aus dem Grund aufgespalten, weil die Eckpunkte nicht auf einer Ebene senkrecht zur Umstülpungsachse liegen. So geht der eine evolvierende Punkt auf der Umstülpungsachse zuerst bei ca. 20.45° durch das Unendliche, die anderen drei bei 45°. Der Ebenendurchgang zeigt ein ausgespartes gleichseitiges Dreieck, das von drei Rechtecken gebildet wird. Die Negativform zeigt ein Rhombendodekaeder.

Beim *Würfelmodell von Wolfgang Maas* zerfällt die Bewegung durch den gekoppelten Doppelring in verschiedene Stadien. Teilweise liegen zwei Eckpunkte (Involutionsseite) fest, teilweise werden sie (vier im Gürtelbereich) «gegenstandslos», da der ideelle Körper zum Vierflächner wird.

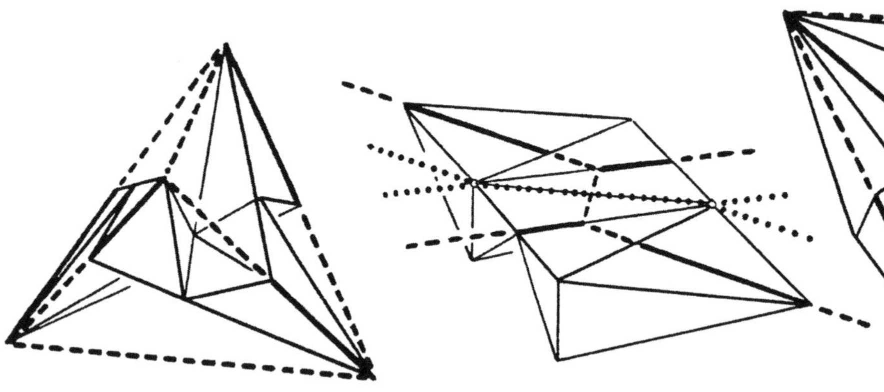

Abb. 20.1: *Platonisch umstülpbarer Tetraedergürtel von Franz Sykora mit acht Segmenten*

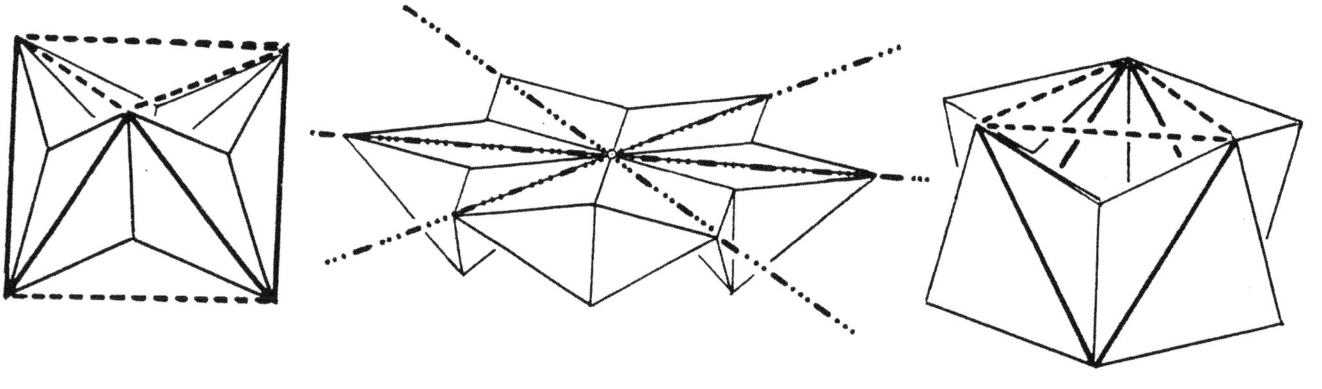

Abb. 20.2: *Platonisch umstülpbarer Oktaedergürtel von Immo und Friedemann Sykora mit zwölf Segmenten*

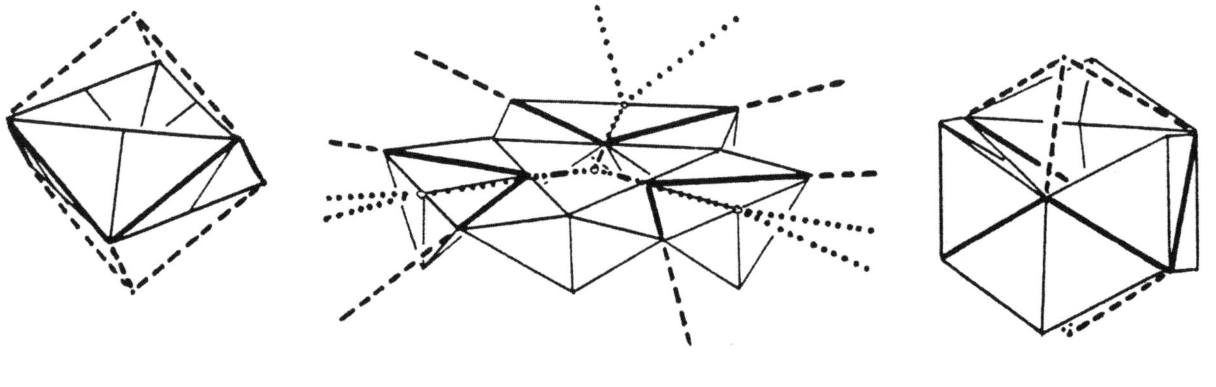

Abb. 20.3: *Platonisch umstülpbarer Würfelgürtel von Robert Byrnes mit zwölf Segmenten*

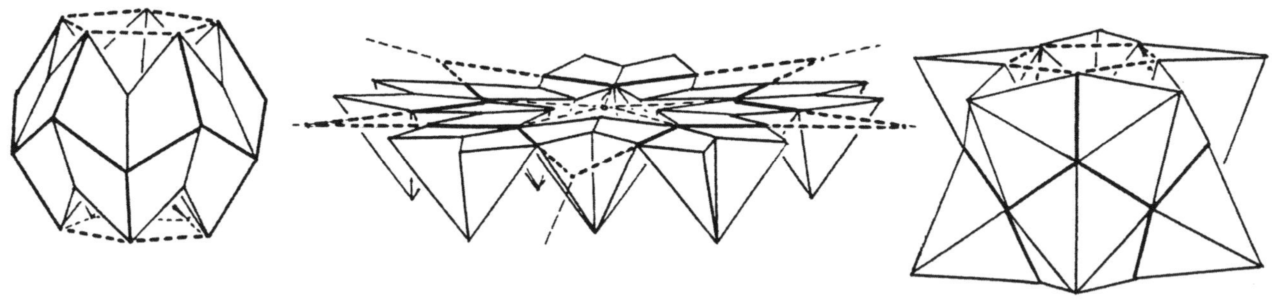

Abb. 20.4: *Platonisch umstülpbarer Dodekaedergürtel von Wolfgang Maas mit zwanzig Segmenten*

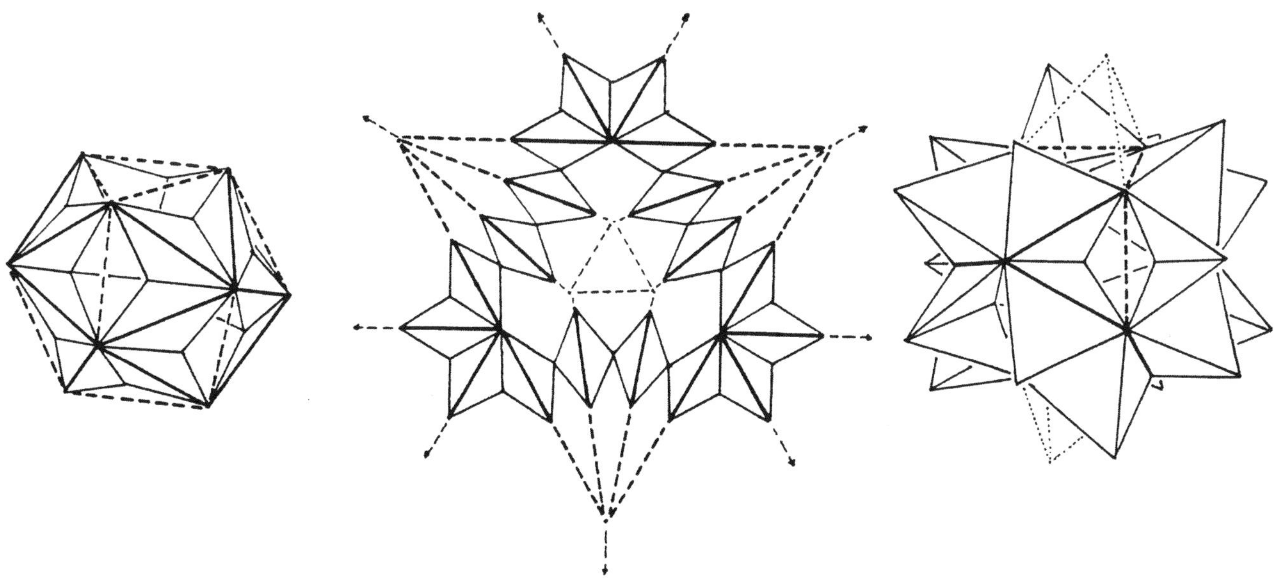

Abb. 20.5: *Platonisch umstülpbarer Ikosaedergürtel mit Flächenpolen von Immo Sykora mit sechsunddreissig Segmenten*

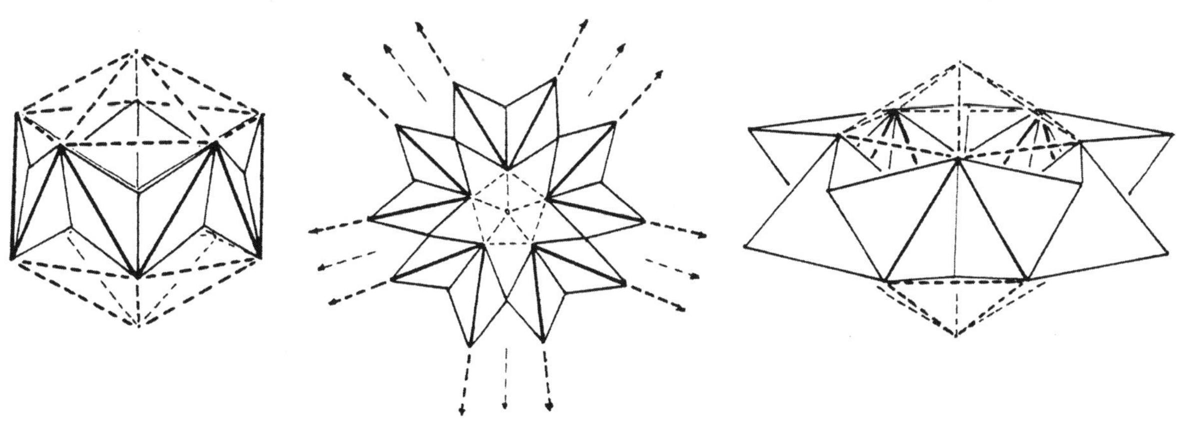

Abb. 20.6: *Platonisch umstülpbarer Ikosaedergürtel mit Eckenpolen von Robert Byrnes mit zwanzig Segmenten*

Beim *Würfelmodell von Paul Schatz* (Abb. 21.1) ist der Rhythmus der Unendlichkeitsdurchgänge ein anderer. Während bei den übrigen Modellen jeweils nur die Punkte der Evolutionsseite ihre beiden Unendlichkeitsdurchgänge haben, vollziehen beim Würfel von Paul Schatz der Evolutions- und der Involutionspunkt rhythmisch abwechselnd ihre Unendlichkeitsdurchgänge.

Das *Dodekaedermodell von Wolfgang Maas* hat Flächenpole. Die Segmente des Gürtels haben viereckige Oberflächenanteile (Abb. 20.4). Die Bestimmung der jeweils fünf Polecken gelingt nur über die Konstruktion des umgebenden Ikosaeders beziehungsweise des Keplerschen Dodekaedersterns. Unendlichkeitsdurchgänge finden für jeweils fünf Punkte statt bei etwa 39.59°, 140.41°, 219.59°, 320.41°. Der Ebenendurchgang zeigt eine Sternform, bei der ein ebener Fünfstern in der Mitte ausgespart bleibt. Die Negativform kommt nahe an den Keplerschen Dodekaederstern heran.

Das *Ikosaedermodell von Immo Sykora* hat einen Gürtel von 36 Segmenten, der nur von einem eingespielten Team in mathematischem Sinne zu führen ist (Abb. 20.5). Die Kunst besteht unter anderem darin, drei Gruppen von je vier beweglichen Kantengelenken jeweils auf einen gemeinsamen Schnittpunkt auszurichten.

Das *Ikosaedermodell von Robert Byrnes* (Abb. 20.6) hat Eckenpole und zeigt seine Polarität zum Dodekaedermodell von Wolfgang Maas (Abb. 20.4). Es hat wie dieses 20 Segmente, also auch die gleiche Anzahl von Kanten- und Mittengelenken. Jeweils fünf Mittengelenke bleiben starr während eines Teils der Umstülpung. Die Ergänzung der beiden fehlenden Polpunkte geschieht über die Konstruktion des Sternkörpers. Wie beim Würfel geht zuerst die Evolutionspol-Ecke, sodann auch die fünf weiteren Eckpunkte der Evolutionsseite durchs Unendliche.

PLATONISCHE UMSTÜLPUNGSREIHEN

Die Modelle zur Platonischen Umstülpung von der Arbeitsgruppe um die Familie Sykora sind im technischen Sinne nicht zwangläufig; ihre Bewegung ist aber von den Bestimmungen einer Platonischen Umstülpung eindeutig festgelegt. Auf diese Art der Bewegung kommt es bei den Modellen an; sie kann nur erzeugt werden, wenn die ideelle Ergänzung nach diesen Gesetzen vorgestellt werden kann.

In einer Zeichnung lassen sich die ideellen Ergänzungen dieser Modell darstellen (siehe Abb. 20.7 bis 20.25: *Umstülpungsreihe des Oktaeder-Volumenmodells mit umgebendem Würfel*). Durch die Bewegung rücken drei Eckpunkte (der Evolutionsseite, hier unten) immer weiter vom Modell weg (nach unten) in die Weite. Im projektiven Sinne gehen sie durch das Unendliche und kehren (von oben) zurück. Durch diesen Übergang scheinen nun die beiden Poldreiecke, die zunächst versetzt wie ein Stern übereinander lagen, gleichsinnig orientiert zu sein.

Die Umstülpungsreihe des Oktaeder-Volumenmodells zeigt auch den umgebendem Würfel. Die Figurenreihen sind Zeile für Zeile von links nach rechts zu lesen.

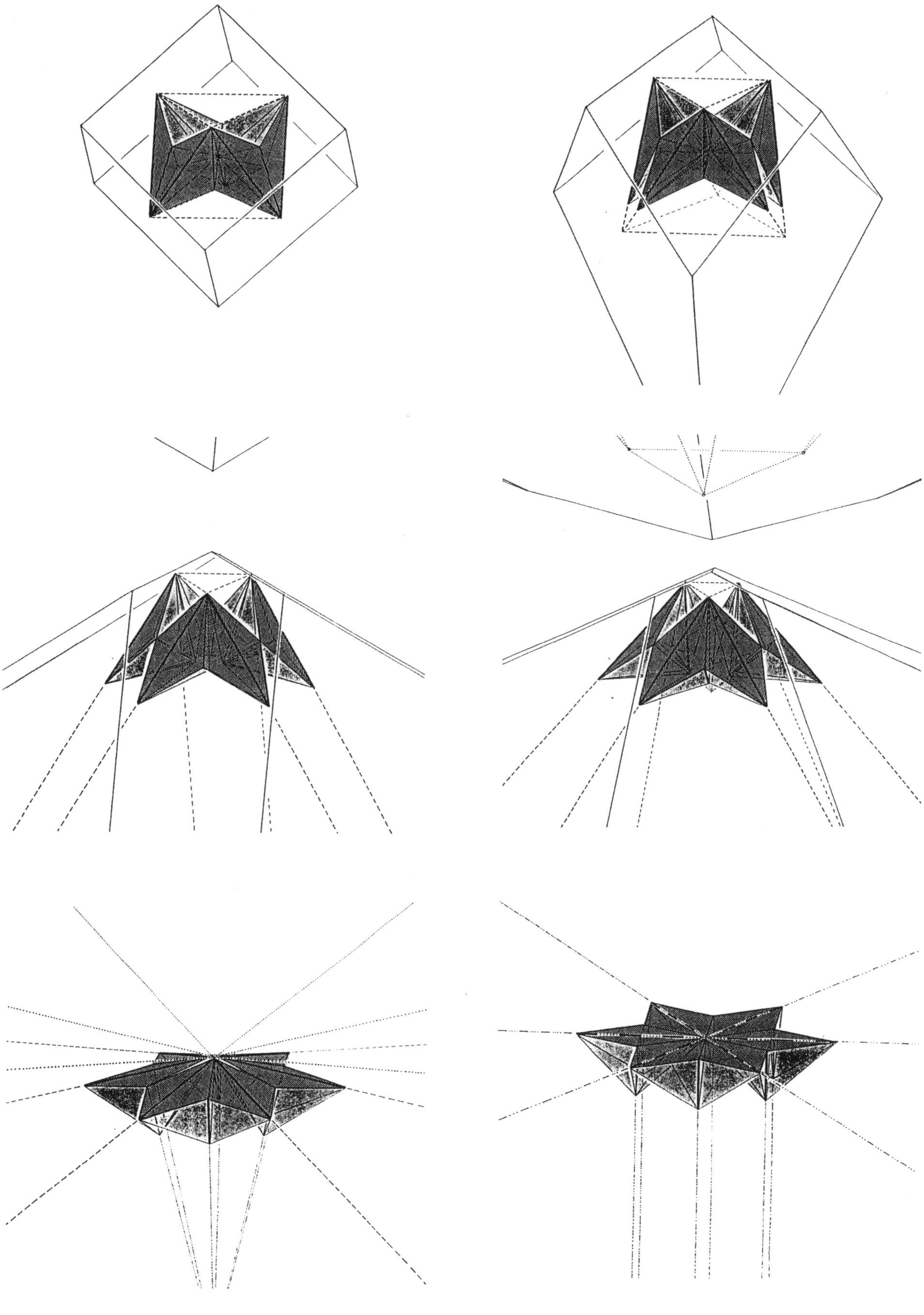

Abb. 20.7 bis 20.12: *Umstülpungsreihe des Oktaeder-Volumenmodells mit umgebendem Würfel, Stadium 1 bis 6*

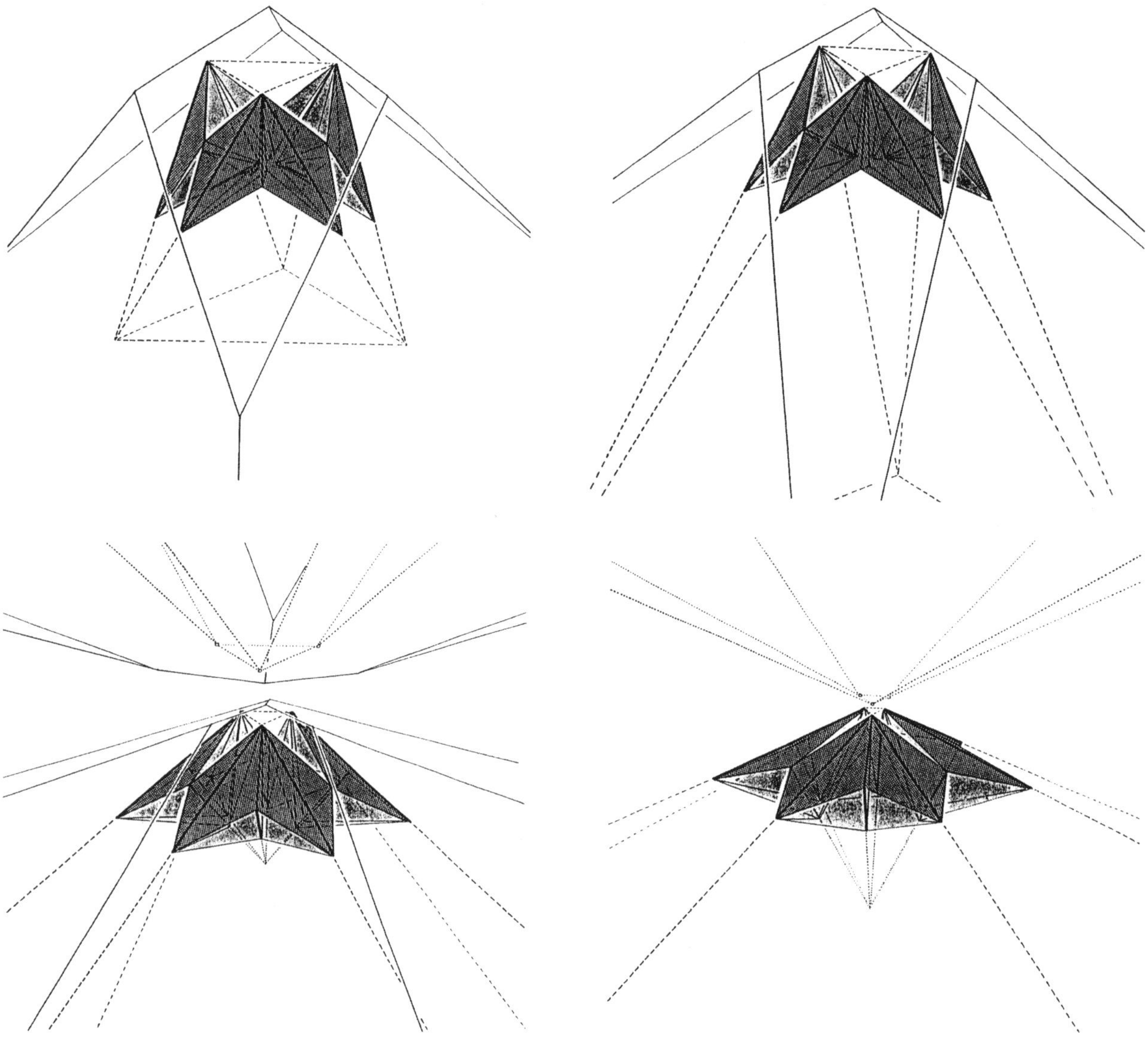

Abb. 20.13 bis 20.16: *Umstülpungsreihe des Oktaeder-Volumenmodells mit umgebendem Würfel, Stadium 7 bis 10*

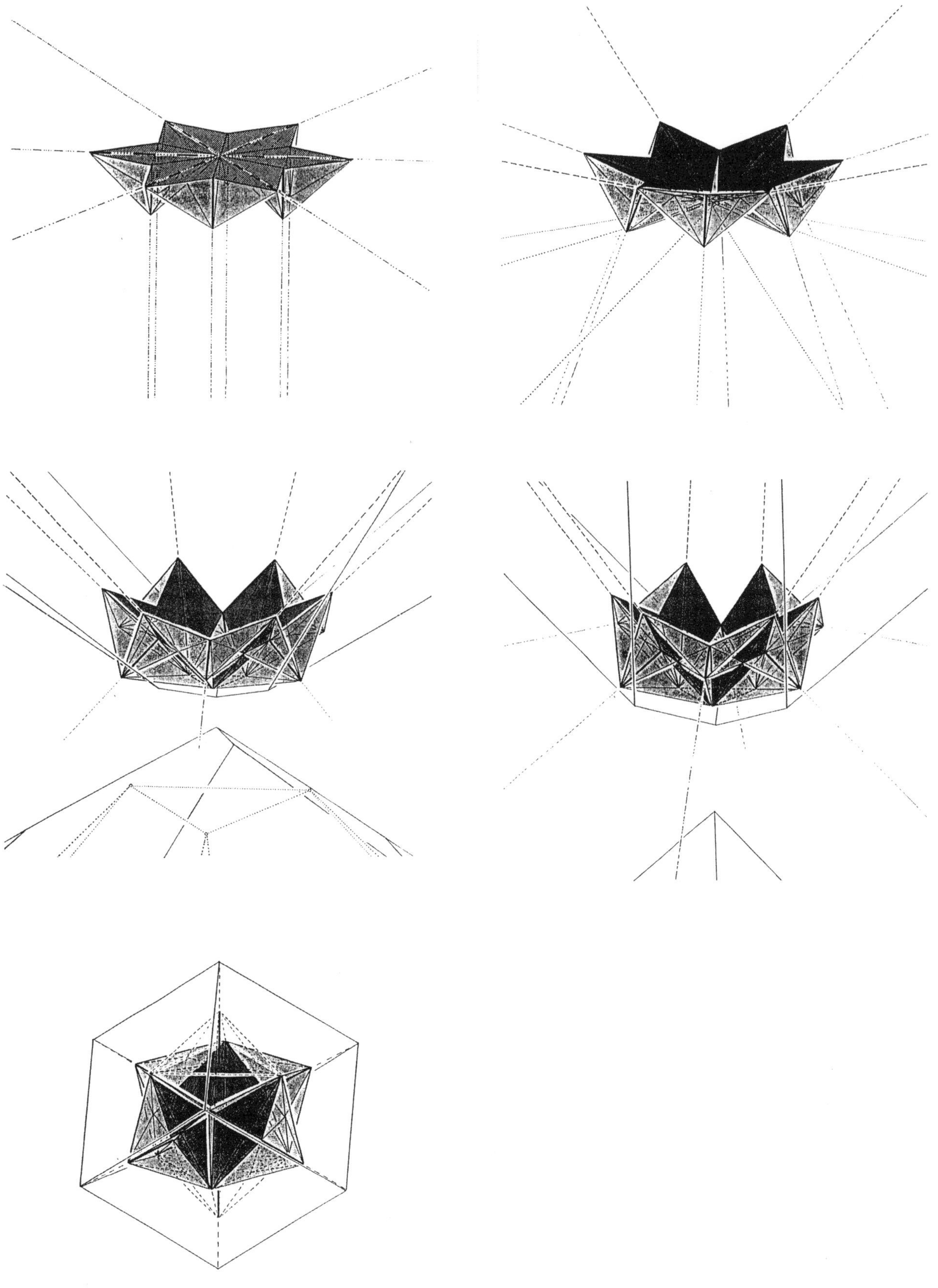

Abb. 20.17 bis 20.21: *Umstülpungsreihe des Oktaeder-Volumenmodells mit umgebendem Würfel, Stadium 11 bis 15*

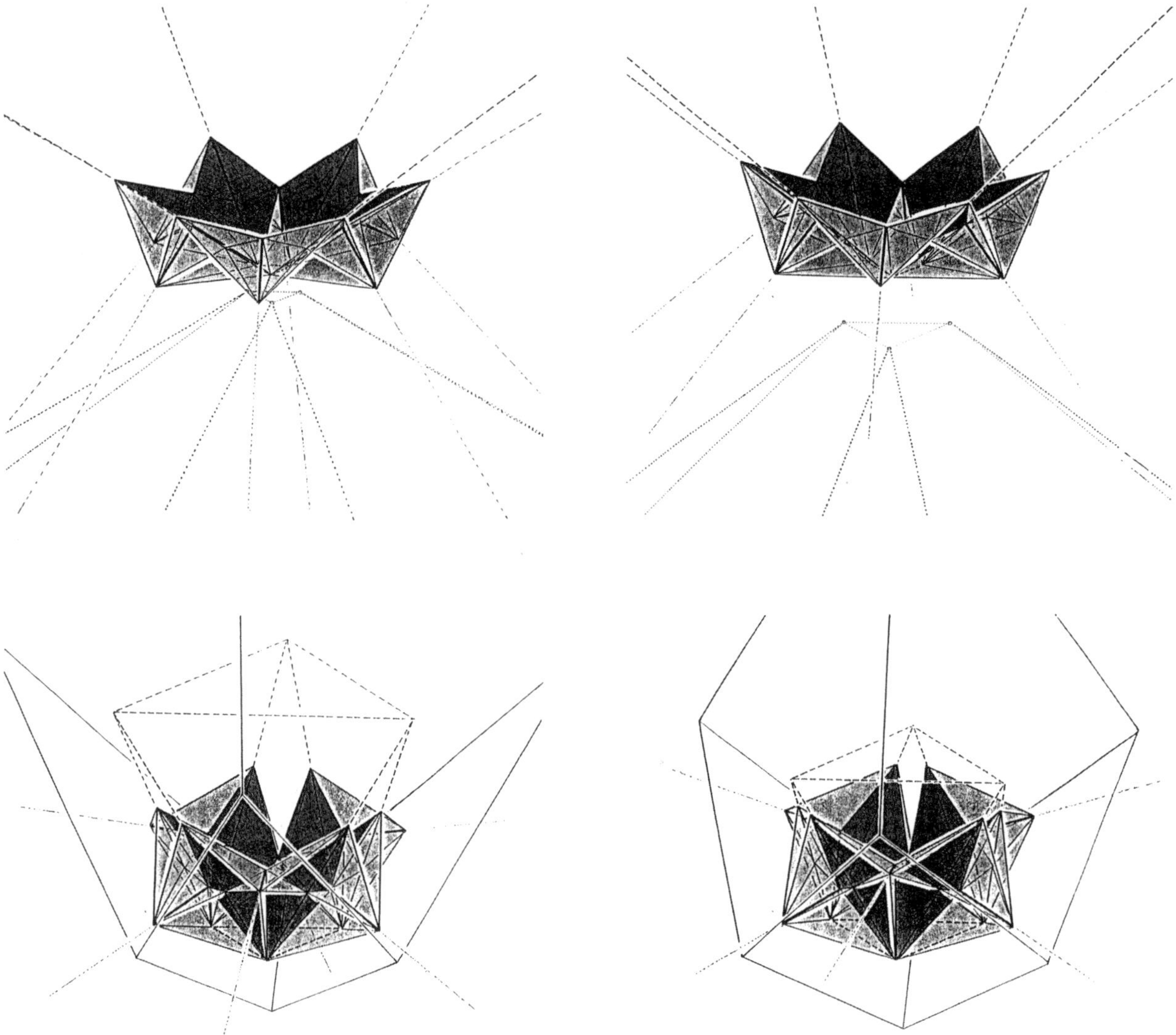

Abb. 20.22 bis 20.25: *Umstülpungsreihe des Oktaeder-Volumenmodells mit umgebendem Würfel, Stadium 16 bis 19*

Eine weitergehende Betrachtung der *Oktaederumstülpung* zeigt, dass sich der ganze Raum gesetzmäßig mitverwandelt. Verlängert man die Kanten des Oktaeders, so erhält man über jeder Fläche ein kleines Tetraeder. Jeweils vier davon ergeben mit dem Oktaeder zusammen ein großes Tetraeder. Dieser Tetraederzwilling bestimmt zugleich den umgebenden Würfel. Setzt man die Geraden weiter fort bis ins Unendliche, so erhält man durch diese Geraden Schnittpunkte (durch die dazugehörigen Ebenen Schnittgeraden), welche auf der unendlichfernen Ebene eine charakteristische Form ergeben: das vollständige Vierseit oder 13-Gebilde mit dem Vierseit aus den Schnitten paralleler Ebenen des Oktaeders und dem Dreiseit aus den parallelen Ebenen des umgebenden, «polaren» Würfels (Abb. 20.26). Diese unendlichferne «Wächterebene» wird durch die Umstülpungsbewegung in den Raum hineingeholt und sichtbar. Die eine Gerade des Vierseits, der «Horizont», welche wegen der stets parallel bleibenden Involutions- und Evolutionsfläche unendlich fern bleibt, kann nur durch eine perspektivische Darstellung in die Zeichenebene geholt werden.

LITERATURHINWEIS

Ernhofer/Mass [2000], Maas/Sykora [1990], [1993]; Maas et al. [1995], Schatz [1975] [1998]

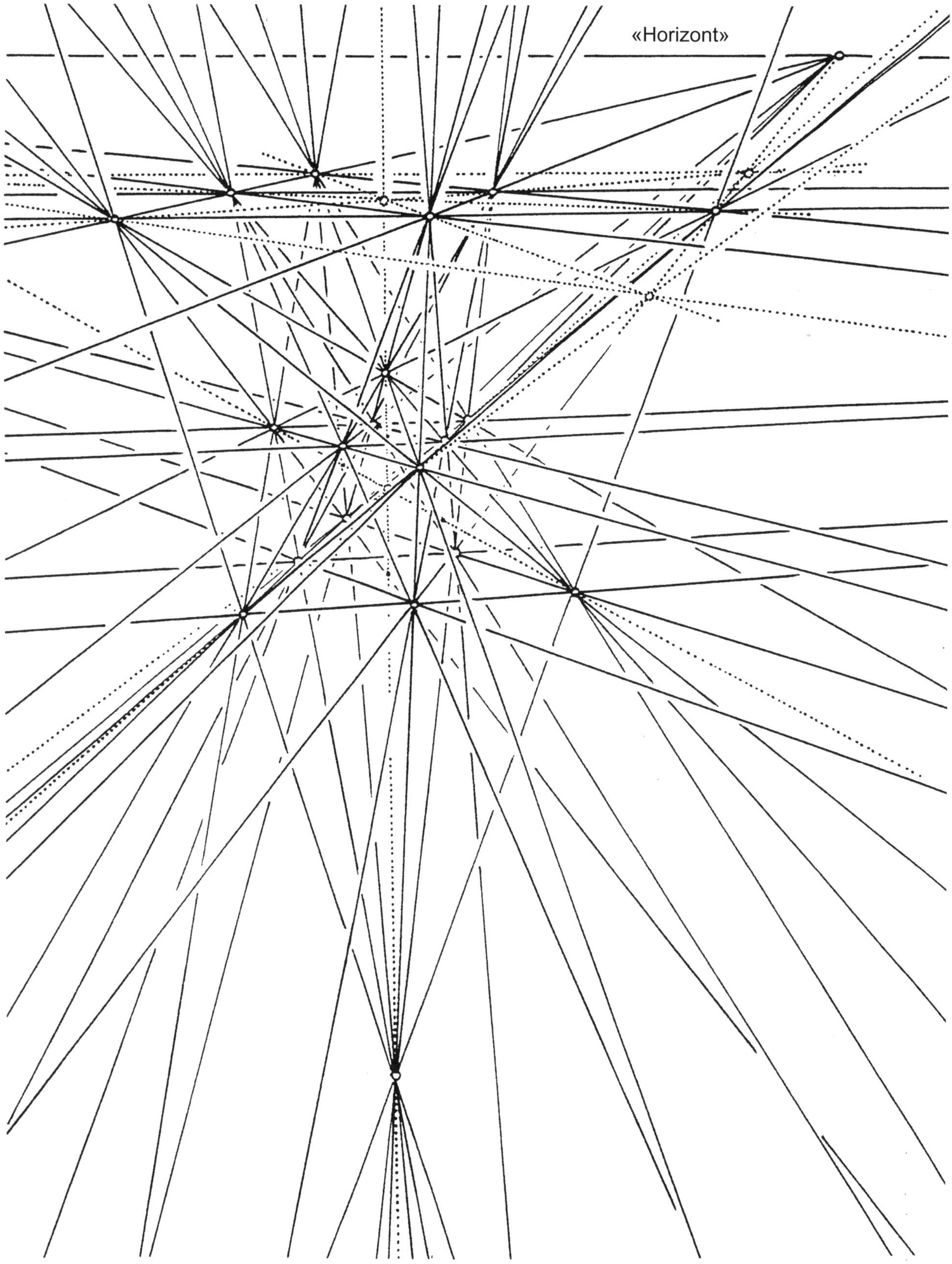

Abb. 20.26: *Oktaeder-Würfel-Einheit mit harmonischer Grundfigur (abgeleitet vom Oktaedermodell bei einer Umstülpunkg von 10°)*

21
SECHSGLIEDRIGE GELENKKETTEN IN PLATONISCHEN KÖRPERN

(Klaus Ernhofer)

Im Jahre 1927 entdeckte Raoul Bricard (1870–1943) eine sechsgliedrige zwangläufige Gelenkkette, die in einem Spezialfall bereits die kinematischen Gesetzmäßigkeiten des umstülpbaren Würfels enthält. Er weist am Schluß seines Berichtes darauf hin, daß der erhaltene Mechanismus verallgemeinert werden könnte, verfolgt diesen Gedanken aber nicht weiter.

Ohne die Bricardsche Arbeit zu kennen, entdeckte Paul Schatz (1898–1979) im Jahre 1929 durch eine mehr künstlerische Auseinandersetzung mit Fragen des Raumes und des Tierkreises die Umstülpbarkeit der Platonischen Körper. Insbesondere der umstülpbare Würfel (Abb. 21.1) und seine ihm eigene rhythmische Beweglichkeit wurde in der Folge Grundlage des gesamten weiteren Wirkens von Schatz. Neben der eindimensionalen geradlinigen Bewegung (Translation) und der zweidimensionalen Drehung (Rotation) wurde damit eine dreidimensionale kinematische Grundbewegung zugänglich, die Umstülpung (Inversion).

Praktische Anwendung fand die Umstülpungsbewegung in den technisch verwandten Mischmaschinen *Turbula* (Willy A. Bachofen AG, Basel) und *Inversina* (Bioengineering AG, Wald, Schweiz), die wegen ihrer intensiven und zugleich schonenenden Mischweise weltweit in der Industrie im Einsatz sind. Mit der Turbula und der Inversina werden heute neben vielfältigen Mischvorgängen in Behältern bis zu 500 Litern Fassungsvermögen auch Schleif- und Mahlarbeiten durchgeführt. Dabei erweist sich die taumelnde Bewegung des umstülpbaren Würfels, die eben nicht gleichförmig, sondern rhythmisch-pulsierend ist, oft den rotierenden Bewegungen überlegen.

Nach dem Tod von Schatz im Jahre 1979 wurde in Dornach, Schweiz, die Paul Schatz-Gesellschaft begründet mit dem Ziel, den umfangreichen wissenschaftlichen und künstlerischen Nachlaß aufzuarbeiten und allen interessierten Menschen zugänglich zu machen, die weitere Forschungsarbeit zu fördern und die noch vielfältig vorhandenen Ideen für neue technische Gestaltungen weiter zu entwickeln.

Nun gibt es verschiedene Richtungen, den umstülpbaren Würfel zu verallgemeinern. Bricard zeigt in seiner Arbeit, daß unter gewissen Bedingungen auch umstülpbare Quader herstellbar sind. In seinem Buch *Rhythmusforschung und Technik* stellt Schatz umstülpbare Rhomboeder vor und weist auf die Umstülpbarkeit der anderen vier Platonischen Körper hin. Michael Doman findet eine zweite Möglichkeit, ein sechsgliedriges Gelenksystem aus dem Würfel herauszuholen. Diese *Swing* genannte Maschine bietet ebenfalls erstaunliche vielfältige Einsatzmöglichkeiten in der Industrie.

Eine Forschergruppe um Immo Sykora und Wolfgang Maas (siehe Kapitel 18) entdeckt eine Reihe von umstülpbaren Platonischen Körpern, bei denen nicht der technische, sondern der geometrische Aspekt im Vordergrund steht. Die Platonischen Umstülpungsmodelle behalten während der Umstülpung stets den Bezug zu dem Platonischen Körper, das heißt die Anzahl der Ecken, Kanten und Flächen und deren gegenseitige Inzidenz-Beziehungen bleiben in jeder Umstülpungsphase gewahrt. Des weiteren läßt sich die Umstülpungsbewegung durch ein Modell darstellen, das in seinen Abmessungen eine vollständige zyklische Umstülpung erlaubt; alle Elemente der ideellen Form sind in jeder Umstülpungsphase eindeutig aus dem Modell ableitbar. Dies führt unter anderem dazu, daß jeder Platonische Körper während der Umstülpungsbewegung vollständig in seiner Negativform auftritt.

Der hier vorgestellte Beitrag und die dazu gehörigen Modelle beantworten die bereits bei Schatz aufgeworfene Frage, welche zwangläufigen (und damit sechsgliedrigen) Modelle aus den fünf Platonischen Körpern herstellbar sind. Dazu ist erst einmal notwendig, die allgemeine mathematische Beziehung zwischen dem Winkel φ zweier aufeinanderfolgender windschiefer Gelenkkanten und der maximalen Gelenkkantenlänge λ, die ein Modell (oder eine Maschine) annehmen kann, zu bestimmen. Dies gelang erstmals Rainer Dyckerhoff 1986 mit trigonometrischen Methoden. Im Jahre 1987 fanden Jürg Petris und Klaus Ernhofer eine weitere Darstellung auf vektorgeometrischem Weg. Die entsprechende Formel besagt unter anderem, daß der Winkel zwischen zwei aufeinander folgenden Gelenkkanten zwischen 60° und 120° liegen muß für reelle Werte von λ.

Ingesamt ergeben sich daraus zwölf verschiedene Modelle mit acht verschiedenen Winkeln. Die zwei Oktaedermodelle wurden von Wolfgang Maas entdeckt, die übrigen zehn von Klaus Ernhofer, der für alle zwölf Modelle die Berechnung und Konstruktion durchgeführt hat.

Als Beispiel zeigt die Abbildung 21.2 eine sechsgliedrige Gelenkkette im Dodekaeder mit Gelenkachsen in Kanten, zusammen mit den beiden Ergänzungskörpern und dem Umstülpungsring und die Abbildung 21.3 zwölf Phasen dieser sechsgliedrigen Gelenkkette.

ÜBERSICHT DER 12 MODELLE

Sechsgliedrige Gelenkketten mit Gelenkachsen in Kanten oder Flächenhöhen der Platonischen Körper

Die Winkelangaben (φ) beziehen sich auf den Winkel zwischen zwei aufeinanderfolgenden windschiefen Gelenkkanten; außer im Falle des Würfels von Schatz (90°) und dem einen Pentagondodekaeder (72°) sind es Näherungswerte.

Tetraeder I (Gelenkachsen in Kanten und Flächenhöhen), φ = 73.2°
Tetraeder II (Gelenkachsen in Flächenhöhen), φ = 80.4°

Oktaeder I (Gelenkachsen in Flächenhöhen), φ = 80.4°
Oktaeder II (Gelenkachsen in Flächenhöhen), φ = 80.4°

Würfel (Gelenkachsen in Kanten: Schatz-Würfel), φ = 90°

Dodekaeder I (Gelenkachsen in Kanten), φ = 72°
Dodekaeder II (Gelenkachsen in Kanten und Flächenhöhen), φ = 74.8°
Dodekaeder III (Gelenkachsen in Flächenhöhen), φ = 87°

Ikosaeder I (Gelenkachsen in Flächenhöhen), φ = 68.1°
Ikosaeder II (Gelenkachsen in Kanten und Flächenhöhen), φ = 79.7°
Ikosaeder III (Gelenkachsen in Kanten und Flächenhöhen), φ = 79.7°
Ikosaeder IV (Gelenkachsen in Flächenhöhen), φ = 80.4°

LITERATURHINWEIS

Bricard [1927], Doman [1990], Ernhofer/Mass [2000], Ernhofer [1991], Phillips [1990], Pöppe [1991], Schatz [1975] [1998]

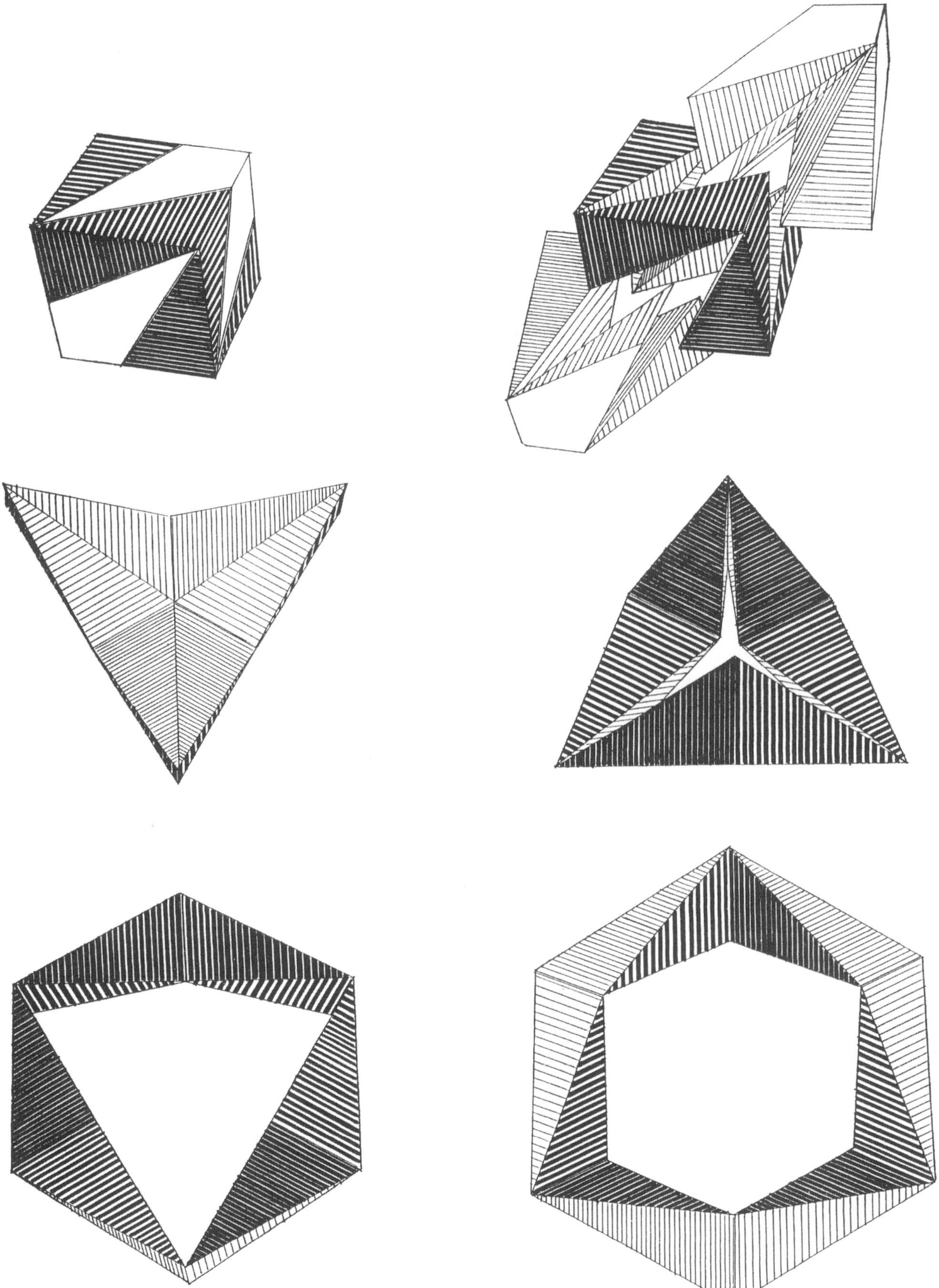

Abb. 21.1: *Umstülpbarer Würfel von Paul Schatz*

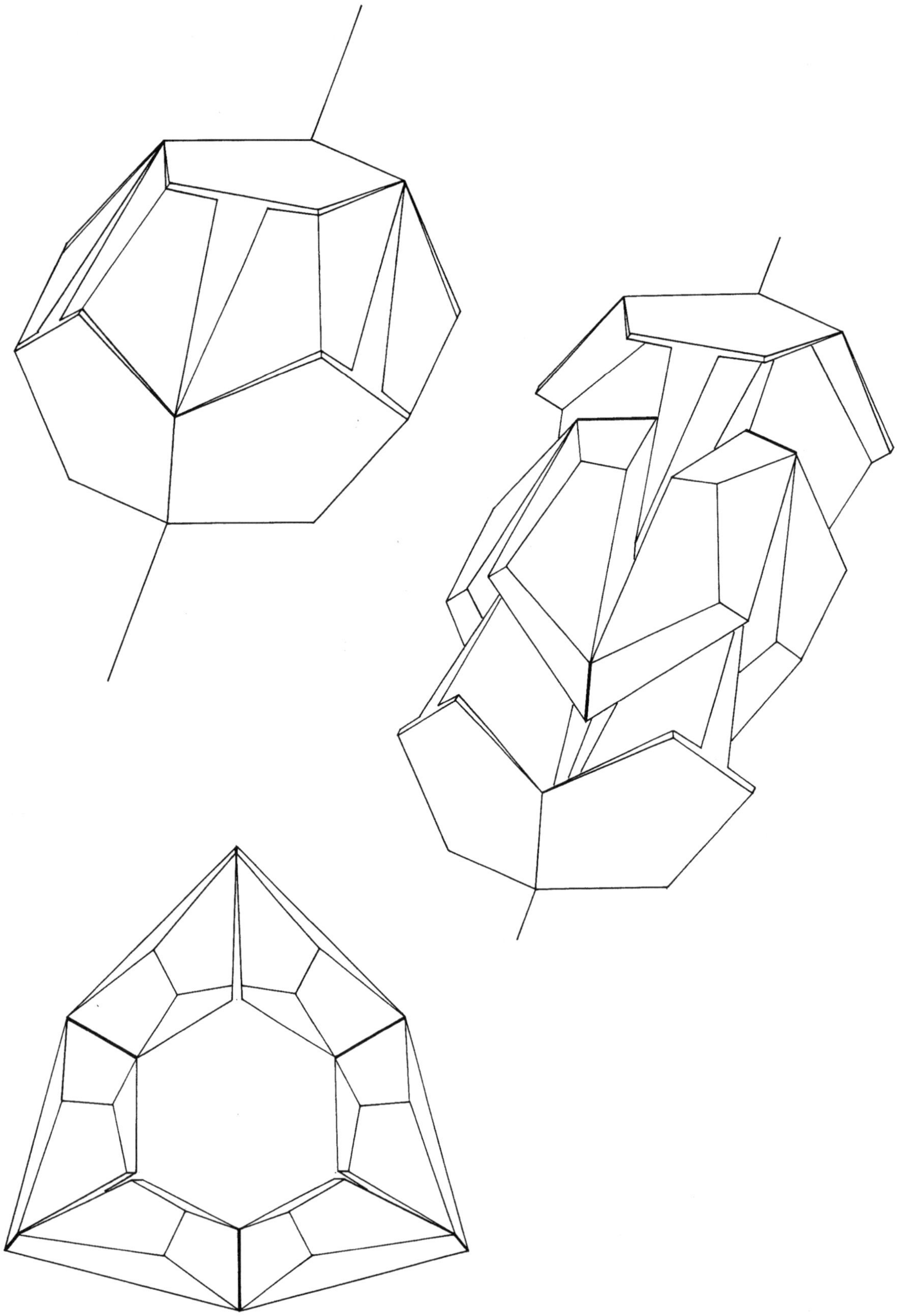

Abb. 21.2: *Umstülpbares Dodekaeder von Klaus Ernhofer mit Gelenkachsen in Kanten*

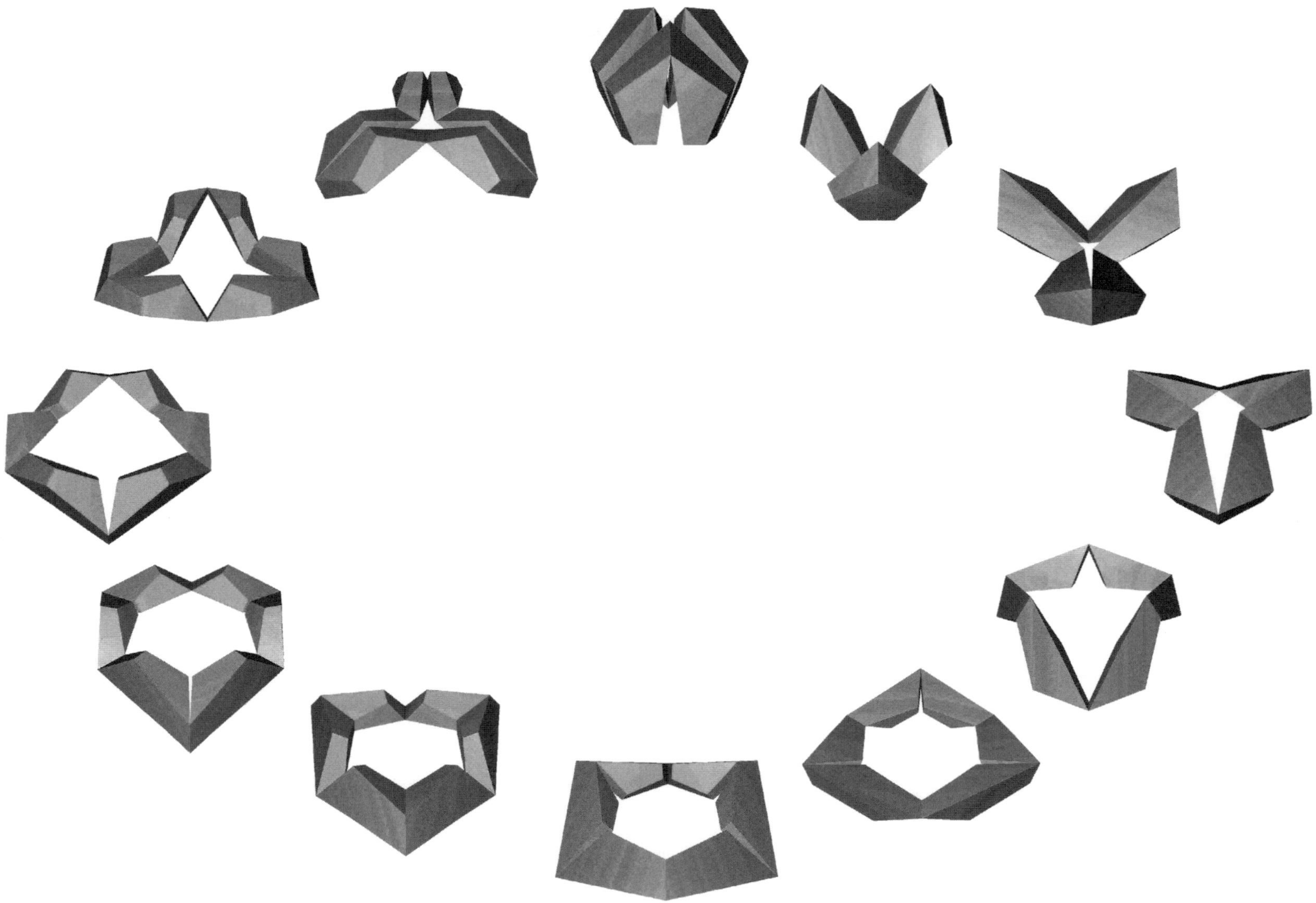

Abb. 21.3: *Zwölf Phasen eines umstülpbaren Dodekaeders von Klaus Ernhofer mit Gelenkachsen in Kanten*

22

RAUMVOLUMEN-UMSTÜLPUNGEN DER PLATONISCHEN KÖRPER

(Hartmut Endlich)

EINLEITUNG

Man kann die fünf Platonischen Körper regelmäßig zerlegen. Durch anschließendes Verbinden einzelner Kanten der entstandenden Polyeder untereinander kann ein ringförmiger Kettenverband entstehen. Dieser ist ein hoch bewegliches, unter gewissen Bedingungen auch umstülpbares und komplizierten Bewegungsabläufen folgendes, quasi-kaleidozyklisches Gebilde. Hierdurch wird die zeitlose Gesetzmäßigkeit der Platonischen Körper einem Zeitprozeß zugänglich gemacht.

Die entstandenen Formen ziehen durch ihrer Ganzheitlichkeit das Interesse des Betrachters auf sich. Er kann sich angeregt fühlen, spielend in ihre Beweglichkeit einzutauchen. Hierbei darf er an ihnen sowohl denkend als auch wahrnehmend tätig sein. Er darf mit seinen Händen innerlich mitgehend die Formen ergreifen und gleichzeitig begreifend ihnen gegenüberstehen.

Es zeigen sich drei Grundqualitäten an diesen Formen: Erstens ist durch sie ein Formauflösungsprozeß («Sulfurprozeß») erlebbar, wodurch aus ihrer Grundgestalt eine auf den ersten Blick unübersichtliche Gliederkette entsteht. Es können nun in einem zweiten Prozeß neue Formen (bis hin zur Umstülpungsform hin) gebildet werden. Man kann diesen Vorgang als Formbildungsprozeß («Salprozeß») bezeichnen. Damit jedoch beide polaren Prozesse miteinander verbunden auftreten können, und weder der «Sulfurprozeß» zur völligen «Auflösung», noch der «Salprozeß» zur «Erstarrung» des Platonischen Körpers führen, ist die «merkurielle Vermittlung» durch den die beiden Pole vereinigenden ringförmigen Verband von Gelenken («Merkurprozeß») notwendig. Hierdurch werden alle Polyeder eines Körpers in jeder Phase ringförmig zusammengehalten und es ist somit durchgehend ein bewegliches Ganzes erlebbar.

Durch den spielerischen Umgang mit diesen Wandelformen werden neue Fähigkeiten erübt. Es wird hierdurch ein ungeahnter Erlebnisbereich zugänglich. Auf völlig freilassende Weise, wie es nur im Spiel sein kann, wird eine gesteigerte innere Beweglichkeit angeregt, und es werden geometrische Umstülpungsprozesse im Tun miterlebt.

12-GLIEDRIGES UMSTÜLPBARES TETRAEDER

Der Innenraum des Tetraeders wird in 12 Polyeder zerlegt, wobei jede Fläche des Tetraeders in drei Teile geteilt wird. Der Mittelpunkt des Tetraeders ist der innere unsichtbare Punkt, den alle durch die Zerlegung entstandenen Polyeder gemeinsam haben. In vollständig umgestülptem Zustand bildet sich das Ausgangstetraeder im Innern als Hohlraum, außen zeigen sich über jeder Tetraederfläche flache Dreieckspyramiden. Zwischen Grundform und Hülle liegen eine Fülle von Zwischenformen.

Prinzipiell gibt es zwei mögliche regelmäßige Dreiteilungen von gleichseitigen Dreiecken. Nur die durch das Modell gezeigte Flächenteilung ermöglicht die Bildung eines umstülpbarer Tetraederrings. Eine Halbierung der Dreiecke macht die Bildung eines beweglichen Ringes möglich, der jedoch nicht umstülpbar ist.

12-GLIEDRIGER, ZU EINEM RHOMBENDODEKAEDER UMSTÜLPBARER WÜRFEL

Ein Würfel kann durch seine 6 Flächen und 4 Raumdiagonalen in 6 pyramidenförmige Polyeder zerlegt werden. Diese können an entsprechenden Kanten zu einem geschlossenen Ring verbunden werden. Dieser ist jedoch nicht beweglich.

Erst durch Halbierung der Würfelflächen entsteht ein 12-gliedriges Gebilde, das – über Scharnierkanten ringförmig geschlossen – als Polyederring umstülpbar ist. Dies wurde bereits in den siebziger Jahren durch *Yoshimoto* entdeckt. Umgestülpt ist der Würfel im Innern als Hohlraum anwesend, außen erhält man ein Rhombendodekaeder. Diese Form kann man auch erhalten, wenn man den von Paul Schatz gefundenen 6-gliedrigen Würfelring nochmals untergliedert. Es gibt sogar noch eine weitere Ringbildung beim Würfel, die ebenfalls umstülpbar ist.

12-GLIEDRIGER WÜRFEL-PENTAGONDODEKAEDER ODER PENTAGONDODEKAEDER- WÜRFEL

In Anknüpfung an Platonisches Gedankengut könnte man sagen, hier wird der Kosmos (Pentagondodekaeder) in die Erde (Würfel) eingestülpt und dann aus der Erde wieder der Kosmos hervorgezaubert.

Dies hat folgende Grundlagen: Aufgrund der räumlichen Beziehung zwischen Pentagondodekaeder und Würfel kann ein Pentagondodekaeder gebaut werden, das einen würfelförmigen Hohlraum enthält. Die Würfelkanten sind gleichzeitig Flächendiagonalen des Pentagondodekaeders. Denkt man sich diese Flächendiagonalen als lösbare Einschnitte, so kann man alle Dodekaederteile nach innen wenden. Nach diesem Vorgang der Umwendung paßt der Pentagondodekaederteil, der ursprünglich über den hohlen Würfel hinausragte, so in das Innere dieses würfelförmigen Hohlraumes, daß der dann entstehende Würfel ihn ganz beherbergt.

Diese Beziehung zwischen den beiden regelmäßigen Formen wurde diesem Modell zugrunde gelegt. Es zeigt einen 12-gliedrigen Polyederring, der diese Gesetzmäßigkeit erlebbar macht. Durch ihn kann ein Würfel in einem Pentagondodekaeder und dieser wiederum in einen Würfel umgestülpt werden.

Die Kantenverbindungen entsprechen denen des zu einem Rhombendodekaeder umstülpbaren Würfels. Aber die Formensprache ist noch «lebendiger» als bei diesem.

16-GLIEDRIGER UMSTÜLPBARER OKTAEDER

Die Teile des Oktaeders entstehen durch Flächenhalbierung der Oktaederflächen und haben alle einen Eckpunkt im Mittelpunkt des Oktaeders. Der Innenraum ist durch die Polyeder vollständig ausgefüllt. Sie sind an entsprechenden Kanten zu einem Polyederring verbunden, der umstülpbar ist. Im umgestülpten Zustand entsteht eine Sternfigur. Das Oktaeder ist dann im Inneren dieses Sternes als Hohlraum gegeben.

Das Oktaeder zeigt bereits mit noch nicht weiter geteilten Flächen ein ausgesprochenes «Bewegungsverhalten»: Bereits ein achtteilig ringförmig gebautes Oktaeder ist beweglich, allerdings jedoch noch nicht umstülpbar. Es gibt beim 16-teiligen Oktaeder drei regelmäßige Ringbildungen. Zwei davon sind umstülpbar.

24-GLIEDRIGES UMSTÜLPBARES PENTAGONDODEKAEDER

Der Innenraum des Pentagondodekaeder wird in 24 kongruente Raumteile zerlegt. Ihre Außenfläche ist jeweils eine halbe Fläche des Dodekaeders und sie haben eine Ecke im Mittelpunkt desselben.

Das vorliegende Modell zeigt einen der bei einer solchen Gliederung möglichen regelmäßigen Polyederringe. Diese Ringe entstehen durch eine regelmäßige Verbindung der Polyeder über entsprechende Kanten, die als Scharniere dienen.

Mit dem vorliegenden umstülpbaren Pentagondodekaeder-Modell läßt sich über eine Fülle von Verwandlungsfiguren zuletzt ein sternförmiger Körper bilden, er die vollständige Umstülpung des Pentagondodekaeders zeigt. Dieser Sternkörper kommt einem der von Johannes Kepler gefundenen Sterne sehr nahe, ohne jedoch geometrisch genau einem solchen zu entsprechen. Das Pentagondodekaeder umzustülpen erfordert viel Geschicklichkeit und Konzentration.

Interessant ist, daß auch eine halbe Umstülpung möglich ist, bei der sich die Hälfte des Pentagondodekaeders in der Grundstellung (Pentagondodekaeder), die andere Hälfte in umgestülptem Zustand befindet. Im vollständig umgestülpten Zustand ist der Pentagondodekaeder innen als Hohlraum vorhanden.

40-GLIEDRIGES UMSTÜLPBARES IKOSAEDER

Das Ikosaeder läßt durch eine 20-teilige Gliederung aufgrund seiner Symmetrieeigenschaften keine ringförmig schließbaren Polyederketten zu. Mit 40 Teilen gibt es jedoch mehrere umstülpbare, regelmäßige Ringbildungen. Umgestülpt erhält man eine Sternfigur. Im Innern bleibt das Ikosaeder als Hohlraum.

Die einzelnen Teile des Ikosaeders entstehen durch Halbierung seiner Dreiecksflächen. In der Grundstellung haben alle Teilpolyeder des Ikosaeders einen Eckpunkt in dessen Mittelpunkt.

Das Ikosaeder bildet die längste und beweglichste Kette gegenüber den anderen umstülpbaren Platonischen Körpern. Diese kann sogar in mehreren Gruppierungen in die Ikosaedergrundstellung gebracht werden. Ohne Farborientierung, wie beim vorliegenden Modell, wird man nur sehr schwer zum Ikosaeder zurückfinden.

LITERATURHINWEIS

Lachnit [1994], Maas/Sykora [1990], [1993]; Maas et al. [1995], Ernhofer/Maas [2000], Schatz [1975] [1998]

ANHANG

KOMMENTIERTE LITERATURAUSWAHL

Adam, Paul / Wyss, Arnold [1984]: *Platonische und Archimedische Körper, ihre Sternformen und polaren Gebilde*. Bern und Stuttgart: Verlag Haupt und Freies Geistesleben (2. unveränderte Auflage 1994, erweitert mit Wyss [1986]). [Anschaulich, sehr empfehlenswert als Einführung in die Polyedergeometrie; mit Hinweisen und Netzvorlagen zur Modellkonstruktion]

Adams, George [1934]: Die Kristallgestaltung des Raumes. In *Strahlende Weltgestaltung. Synthetische Geometrie in geisteswissenschaftlicher Beleuchtung*. Dornach: Mathematisch-Astronomische Sektion am Goetheanum. (2. Auflage: Dornach, Philosophisch-Anthroposophischer Verlag am Goetheanum 1965), Kapitel 7, S. 325–386. [Klassiker zum Verhältnis von projektiver Geometrie und Kristallgeometrie]

Arnoth, Joseph [1997]: *Kristallform – Kristallgestaltung*. Begleittexte zur Sonderausstellung 24. Oktober 1997 – 28. Juni 1998 (Manuskript von Joseph Arnoth mit einem Beitrag von Renatus Ziegler), Naturhistorisches Museum, Basel. (Zweite erweiterte Auflage: 1998.)

Aschkinuse, Wladimir G. [1969]: Vielecke und Vielflache. In: Enzyklopädie der Elementarmathematik (P. S. Alexandroff / A. I. Markuschewitsch / A. J. Chintschin [Hrsg.]), Band IV: *Geometrie*, Berlin Deutscher Verlag der Wissenschaften, S. 393–456. [Gründliche kombinatorisch orientierte und mathematisch anspruchsvolle Darstellung]

Banchoff, Thomas F [1991]: *Dimensionen*. Figuren und Körper in geometrischen Räumen. Heidelberg: Spektrum der Wissenschaften (Spektrum-Bibliothek, Band 31) [Anschauliche, mit vielen farbigen Figuren versehene Einführung in die Geometrie von mehr als drei Dimensionen]

Bernhard, Arnold [1984]: *Projektive Geometrie aus der Raumanschauung zeichnend entwickelt*. Stuttgart: Freies Geistesleben (Menschenkunde und Erziehung, Band 45). [Sehr empfehlenswert als Einführung in die projektive Geometrie des Raumes]

– [1996]: *Schauendes Geometrisieren*. Vom Würfel über den projektiven Raum zum hyperbolischen, elliptischen und polaraffinen Raum. Dornach: Verlag am Goetheanum, zweite, überarbeitete und erweiterte Auflage (Mathematisch-Astronomische Blätter – Neue Folge, Band 1). [Anschauliche und gründliche Einführung in die Fundamentalstruktur oder Reye-Konfiguration]

Böhm, Johannes / Quaisser, Erhard [1991]: *Schönheit und Harmonie geometrischer Formen. Sphäroformen und symmetrische Körper*. Berlin: Akademie Verlag. [mathematisch anspruchsvoll, aber anschaulich]

Borchardt-Ott, Walter [1997]: *Kristallographie*. Eine Einführung für Naturwissenschaftler. Berlin/Heidelberg: Springer (fünfte, vollständig überarbeitete und erweiterte Auflage). [Sehr gute Einführung in die Kristallgeometrie]

Bricard, Raoul [1927]: *Leçons de Cinématique*, Volume 2 (Paris: Gauthier-Villars), Livre V: Notes et études diverses, H. Sur les chaines fermées de couples rotoides, S. 311–319.

Brückner, Max [1900]: *Vielecke und Vielflache. Theorie und Geschichte*. Leipzig: Teubner. [Bis heute nicht überholtes Standardwerk zur Polyedergeometrie]

Burckhardt, Johann Jakob [1988]: *Die Symmetrie der Kristalle*. Basel: Birkhäuser. [Mit vielen Abbildungen und historisch genaue Darstellung einiger Aspekte der Entwicklung der geometrischen Kristallographie]

Burzlaff, Hans / Zimmermann, Helmuth [1977]: *Symmetrielehre* (Kristallographie – Grundlagen und Anwendung, Band 1), Stuttgart: Thieme.

– [1993]: *Kristallsymmetrie – Kristallstruktur*. Erlangen: Rudolf Merkel Universitäts- Buchhandlung. [gründliches, umfassendes und reich illustriertes Nachschlagewerk]

Caspar, Max [1995]: *Johannes Kepler*. Stuttgart: GNT-Verlag 1995 (Nachdruck der dritten Auflage, ergänzt um ein vollständiges Quellenverzeichnis). [Nach wie vor Standardbiographie]

Coxeter, Harold S. M. [1973]: *Regular Polytopes*. New York: Dover (3. edition). [Polyeder-Bibel]

– [1981]: *Unvergängliche Geometrie*. Basel: Birkhäuser (2. erweiterte und überarbeitete Auflage) (Wissenschaft und Kultur, Band 17). [Schönstes und reichhaltigstes Geometrie-Buch]

Cromwell, Peter R. [1997]: *Polyhedra*. Cambridge: Cambridge University Press. [Historisch orientierte, sehr umfassende und gründliche Darstellung verschiedenster Aspekte der Polyedergeometrie]

Cundy, Henry Martin / A. P. Rollett [1961]: *Mathematical Models* (Second Edition). London: Oxford University Press. (Reprint: Traquin Publications, Norfolk, England, 1981ff.) [Klassiker zum Bau und Studium von Polyedern]

Doman, Michael [1990]: Leistungsfähiger Schüttelmischer mit räumlicher Bewegunsdynamik. *Chemie-Technik*, Band 19, Nr. 11, S. 34–35.

Emde, Helmut [1958]: *Homogene Polytope*. Bayerische Akademie der Wissenschaften, Mathematisch-Naturwissenschaftliche Klasse, Abhandlungen – Neue Folge, Heft 89.

– [1964]: Zur Struktur des Raumes. In *Die Erforschung kosmisch-irdischer Gesetzmäßigkeiten*, Dornach: Mathematisch-Astronomische Sektion am Goetheanum, Bericht von der Mathematisch-Astronomischen Hochschulwoche, Dornach 31. März bis 5. April 1964), S. 10–15.

– [1979]: *Geometrie der Knoten-Stab-Tragwerke*. Würzburg: Strukturforschungszentrum / MERO Raumstruktur.

– [1984]: Zur Geometrie räumlicher Strukturen. In: *Diatomeen I: Schalen in Natur und Technik*, Institut für leichte Flächentragwerke der Universität Stuttgart, IL 28, pp. 222–243.

Ernhofer, Klaus [1991]: *Geschlossene polyedrische Gelenkketten*, Staatsexamensarbeit, Universität Freiburg im Breisgau.

Ernhofer, Klaus / Maas, Wolfgang [2000]: *Umstülpbare Modelle der Platonischen Körper*. Dornach: Mathematisch-Astronomische Sektion, Arbeitshefte, Grosse Reihe, Heft 2.

Fejes Tóth, Laszlo [1965]: *Reguläre Figuren*. Leipzig: Teubner. [Gutes Lehrbuch, mit Anaglyphen-Figuren]

Field, Judith V. [1997]: Rediscovering the Archimedean Polyhedra: Piero della Francesca, Luca Pacioli, Leonardo da Vinci, Albrecht Dürer, Daniele Barbaro, and Johannes Kepler. *Archive for History of Exact Sciences*, Band 50, S. 241–289. [Gründliche historische Studie zur Wiederentdeckung der Archimedischen Körper in der Renaissance]

Freudenthal, Hans / Van der Waerden, Bartel L. [1999]: Über eine Behauptung des Euklid (bearbeitet und kommentiert durch R. Ziegler). *Mathematisch-Physikalische Korrespondenz*, Nr. 199, S. 4–11. [Entdeckung der 8 Deltaeder]

Gerretsen, Johan / Vredenduin, Piet [1967]: Polygone und Polyeder. In: *Grundzüge der Mathematik*, Band II: Geometrie, Teil A: Grundlagen der Geometrie und Elementargeometrie (Göttingen: Vandenhoeck & Ruprecht), S. 253–305. [Knappe, gründliche Darstellung der wesentlichen mathematischen Aspekte]

Grünbaum, Branko / Shepard, Geoffrey C. [1981]: Patterns on the 2-sphere. *Mathematika*, Band 28, S. 1–35. [Moderne Darstellung der Theorie gleicheckiger oder isogonaler Polyeder]

Hagnauer, Michael [1985]: *Konkav- und konvexreguläre Polyeder*. Abschlußarbeit der 12. Klasse der Rudolf Steiner Schule Basel. Unveröffentlichtes Manuskript.

Haussühl, Siegfried [1993]: *Kristallgeometrie* (Kristallographie, Band I). Weinheim: VCH (2. Auflage).

Holden, Alan [1971]: *Shapes, Space and Symmetry*. New York: Columbia University Press. (Reprint: New York, Dover 1991.) [Sehr anschaulich, enthält fast nur Figuren und Abbildungen von Modellen]

Hilbert, David / Cohn-Vossen, Stefan [1932]: *Anschauliche Geometrie*. Berlin: Springer (Grundlehren der mathematischen Wissenschaften, Band 37). [Klassiker]

Kepler, Johannes [1923]: *Mysterium Cosmographicum – Das Weltgeheimnis*. Übersetzt und eingeleitet durch Max Caspar. Augsburg: Benno Filser.

– [1938]: Gesammelte Werke, Band 1: *Mysterium Cosmographicum, De Stella Nova* (herausgegeben von Max Caspar), München: Beck 1938.

– [1939]: *Weltharmonik* (übersetzt und eingeleitet von Max Kaspar). München / Berlin 1939.

– [1940]: Gesammelte Werke, Band 6: *Harmonice Mundi* (herausgegeben von Max Caspar), München: Beck 1940.

– [1963]: Gesammelte Werke, Band 8: *Mysterium Cosmographicum 1621, De Cometis libelli tres, Tychonis Hyperaspistes* (bearbeitet von Franz Hammer), München: Beck 1963.

Kleber, Will [1990]: *Einführung in die Kristallographie*. Berlin: Verlag Technik (17, stark bearbeitete Auflage von Hans-Joachim Bautsch, Joachim Bohm und Irmgard Kleber) [Gründliches, verständliches, klassisches weit verbreitetes Lehrbuch]

Lachnit, Stefanie [1994], *Zerlegung von Polyedern in Tetraederringe*. Staatsexamensarbeit, Universität Giessen.

Locher, Louis [1953]: Bilder zur Geometrie der regelmäßigen Figuren. *Elemente der Mathematik*, Band 8, S. 97–102. [Anschauliche Darstellung der Hess-Konfiguration]

– [1957]: *Raum und Gegenraum*. Einführung in die neuere Geometrie. Dornach: Verlag am Goetheanum, Dritte Auflage 1988. [Standardwerk zur synthetischen projektiven Geometrie]

Maas, Wolfgang / Immo Sykora. [1990]: *Das Tetraeder von Franz Sykora*. Freiburg/Berlin: Selbstverlag (Umstülpungen der Platonischen Körper, Band 1).

– [1993]: *Umstülpmodelle der Platonischen Körper*. Berlin: Selbstverlag der Werkstatt für Platonische Körper im Kaspar Hauser Therapeutikum (zweite erweiterte Auflage). [Übersicht]

– [1995]: *Das umstülpbare Oktaeder von Friedemann und Immo Sykora*. Freiburg/Berlin: Selbstverlag (Umstülpungen der Platonischen Körper, Band 2). [Ausführliche Darstellung]

Mainzer, Klaus [1988]: *Symmetrien der Natur*. Ein Handbuch zur Natur- und Wissenschaftsphilosophie. Berlin: de Gruyter. [Enzyklopädische Vollständigkeit für fast alle Bereiche der Symmetrie]

Meier, Daniel [1976]: *Bau halbregulärer und dualer Polyeder*. Abschlußarbeit der 12. Klasse der Rudolf Steiner Schule Basel. Unveröffentlichtes Manuskript.

Niggli, Paul [1949]: *Probleme der Naturwissenschaften, erläutert am Begriff der Mineralart*. Basel: Birkhäuser. [Anschauliche Einführung in die Prinzipien der Kristallographie; Diskussion verschiedener naturphilosophischer Grundbegriffe]

Offermann, Erich [2001]: *Kristalle und ihre Formen.* Band 1: Theoretische Kristallmorphologie, Band 2: Praktische Kristallmorphologie. Achberg: KristalloGrafik Verlag [Sehr empfehlenswerte, anschauliche Darstellung der Kristallmorpholgie; es gibt nichts Vergleichbares]

Phillips, Jack [1990]: *Freedom in machinery*, Volume 2: *Screw theory exemplified.* Cambridge: Cambridge University Press, § 20.45–46. [Mechanik-Lehrbuch auf der Grundlage der Schraubentheorie]

Pöppe, Christoph [1991]: Eine Reise in das Reich des Würfels. *Spektrum der Wissenschaft*, Februar 1991, S. 10–15. [Präsentation des Schatz-Würfels]

Pugh, Anthony [1976]: *Polyhedra – A Visual Approach.* Los Angeles: University of California Press. [Sehr anschauliche, präzise Darstellung einiger auch weniger bekannter Polyederklassen]

Quaisser, Erhard [1986]: Reguläre Sternpolyeder. In Gerd Fischer (Hrsg.), *Mathematische Modelle* (2 Bände), Braunschweig: Vieweg, Band 1: S. 63–68, Band 2: Fotos 103–106.

Roesler, Hans Jürgen [1991]: *Lehrbuch der Mineralogie.* Leipzig: Deutscher Verlag für Grundstoffindustrie (5. Auflage). [Gutes Standardlehrbuch aus der soliden DDR-Tradition]

Roman, Tiberiu [1987]: *Reguläre und halbreguläre Polyeder.* Thun/Frankfurt am Main: Harri Deutsch (Deutsch Taschenbücher, Band 56). [Kombinatorisch orientierte, jedoch leicht zugängliche Darstellung, mit Hinweisen und Netzvorlagen zu Modellkonstruktion]

Schatz, Paul [o. J.]: *Strukturen und Bewegungsgestaltungen aus dem Würfel.* München: Kunst und Spiel. [Kurze Darstellung des Modells der 48-teiligen Kugel und des Kristallmodells]

– [1975]: *Rhythmusforschung und Technik.* I Der umstülpbare Würfel, II Die polysomatische Gestaltung. Stuttgart: Freies Geistesleben. [Grundlagenwerk zur Geometrie und Mechanik umstülpbarer Polyeder]

– [1998]: *Rhythmusforschung und Technik.* Ergänzte und erweiterte Neuauflage. Stuttgart: Freies Geistesleben. [Mit neueren Entwicklungen auf dem Gebiet der Umstülpungsgeometrie und -mechanik]

Schmutz, Hans-Ulrich [1986]: *Die Tetraederstruktur der Erde. Eine geologisch-geometrische Untersuchung anhand der Plattentektonik.* Stuttgart: Freies Geistesleben. [Verknüpfung der Geometrie der Plattentektonik mit der Kristallgeometrie]

Schumann, Heinz [1989]: Deltaeder – ein raumgeometrisches Entdeckungs- und Übungsfeld. *Didaktik der Mathematik*, Band 4, S. 245–262.

Senechal, Marjorie / Fleck, George [1988]: *Shaping Space. A Polyhedral Approach.* Boston: Birkhäuser 1988. [Panorama zur Polyedergeometrie und ihren Anwendungen]

Shubnikov, Aleksej Vasilevich / Koptsik, Vladimir Aleksandrovich [1974]: *Symmetry in Science and Art.* New York/London: Plenum. [Anschauliche und gründliche Darstellung der Symmetriegruppen und ihren Anwendungen in Kunst und Wissenschaft]

Toepell, Michael [1991]: Platonische Körper in Antike und Neuzeit. *Der Mathematikunterricht*, Band 37, Nr. 4, S. 45–79. [Materialreiche historische Darstellung]

Unger, Georg [1959]: Bericht über die Ausstellung: Raumgeometrische Arbeiten von Carl Kemper, *Mathematisch-Physikalische Korrespondenz*, Nr. 18, S. 1–3. [Kurzer Bericht über Kempersche Körper]

– [1975]: *Das offenbare Geheimnis des Raumes.* Meditationen am Pentagondodekaeder nach Carl Kemper. Stuttgart: Freies Geistesleben (Zweite, überarbeitete Auflage). [Erste ausführliche Darstellung der Kemperschen Körper]

Verheyen, Hugo F. [1996]: *Symmetry Orbits.* Boston: Birkhäuser. [Neuentwicklungen auf dem Gebiet der Polyederzusammensetzungen]

Walser, Hans [1996]: *Der goldene Schnitt.* Stuttgart/Leipzig: Teubner (2. Auflage). [Enthält auch ein Kapitel über reguläre und halbreguläre Körper]enninger, Magnus J. [1971]: *Polyhedron Models.* Cambridge: Cambridge University Press. [Klassiker zum Modellbau von Polyedern]

– [1979]: *Spherical Models.* Cambridge: Cambridge University Press. [Anleitung zum Modellbau]

– [1983]: *Dual Models.* Cambridge: Cambridge University Press. [Anleitung zum Modellbau]

Weyl, Hermann [1955]: *Symmetrie.* Basel: Birkhäuser. [Klassiker zur Darstellung der Symmetriegruppen und einigen Anwendungen in der Physik]

Wyss, Arnold [1986]: *Die Sonderlinge: Die Archimedischen Körper Cubus simus und Dodecaedrum simum.* Bern und Stuttgart: Verlag Haupt und Freies Geistesleben. [Siehe Adam/Wyss [1984]]

Ziegler, Renatus [1998]: *Morphologie von Kristallformen und symmetrischen Polyedern.* Kristall- und Polyedergeometrie im Lichte von Symmetrielehre und projektiver Geometrie. Dornach: Verlag am Goetheanum (Mathematisch-Astronomische Blätter – Neue Folge, Band 21). [Reich illustriertes und gründliches Werk zu fast allen Aspekten der Geometrie symmetrischer konvexer Polyeder]

– [1999]: Geometrische Kristallmorphologie auf projektiver Grundlage. Zur Komplementarität von Kristallmorphologie und Strukturtheorie. *Elemente der Naturwissenschaft*, Nr. 71, 1999/2, S. 1-45. Sonderdruck: Arbeitshefte der Mathematisch-Astronomischen Sektion am Goetheanum, Kleine Reihe, Heft 2, 1999 [Einführende Übersicht zum Verhältnis von Kristallstrukturtheorie und -morphologie]

– [2000]: *Mathematik und Geisteswissenschaft.* Mathematische Einführung in die Philosophie als Geisteswissenschaft in Anknüpfung an Plato, Cusanus, Goethe, Hegel und Steiner. Dornach: Philosophisch-Anthroposophischer Verlag am Goetheanum. 2. durchgesehene Auflage [Erläuterung des Mottos der Einführung von verschiedenen mathematischen und philosophischen Gesichtspunkten]

NACHWEIS DER ABBILDUNGSVORLAGEN

Abbildung	*Quelle*
S. 7	Renatus Ziegler mit Shape (www.shapesoftware.com)
1.1	Renatus Ziegler
1.2	Adam/Wyss [1984], S. 34–38
2.1	Kepler, *Harmonice Mundi* 1619, Buch V, Kapitel 3
2.2	Kepler, *Mysterium Cosmographicum* 1621, Kapitel 14, Tafel IV
2.3	Kepler, *Mysterium Cosmographicum* 1597, Tafel III (Universitätsbibliothek Basel)
3.1 bis 3.7	Renatus Ziegler
4.1 bis 4.4	Renatus Ziegler
4.5 bis 4.11	Nach Vorlagen von Unger [1975], S. 55–60, neu gezeichnet von Renatus Ziegler
5.1 bis 5.4	Adam/Wyss [1984], S. 66, 67, 75, 76
5.5 und 5.6	Ziegler [1998], Figur 5.20, 5.24
6.1 bis 6.11	Ueli Wittorf (www.geometricdesign.ch)
7.1 und 7.2	Renatus Ziegler mit Shape
7.3 bis 7.5	Emde [1984], S. 227–229
7.1 und 7.2	Renatus Ziegler mit Shape
8.1 bis 8.4	Ziegler [1998], Figur 5.30b, 5.31b, 5.27b, 5.28b
8.5 bis 8.7	Grünbaum/Shepard [1981], S. 21, 22, 23
9.1	Renatus Ziegler
9.2	Ziegler [1998], Figur 5.20, 5.24
9.3 bis 9.6	Ziegler [1998], Figur 5.30a, 5.31a, 5.27a, 5.28a
10.1 bis 10.3	Renatus Ziegler, verändert nach Schumann [1989], S. 270, 273
10.4 bis 10.7	Renatus Ziegler, verändert nach Aschkinuse [1969], S. 445, 449
11.1	Renatus Ziegler mit Shape
11.2	Ziegler [1998], Figur 5.46a
11.3	Renatus Ziegler mit Shape
11.4	Ziegler [1998], Figur 5.47a
11.5 und 11.6	Ziegler [1998], Figur 5.46b, 5.47b
12.1	Kleber [1990], S. 26
12.2	Niggli [1949], S. 54
12.4	Rösler [1991], Tafel 1
12.5	Niggli [1949], S. 57
13.1 bis 13.4	Verändert nach Ziegler [1998], Figur 6.1, 6.7
13.5 und 13.6	Renatus Ziegler
13.7 und 13.8	Ziegler [1998], Figur 6.9, 6.11
13.9 bis 13.11	Ziegler [1998], Figur 6.19, 6.20, 6.21, 6.23, 6.24
13.12 und 13.14	Ziegler [1998], Figur 6.25, 6.22, 6.27
14.1	Cundy/Rollett [1961], S. 90, 92, 94, 96
15.1	Verändert nach Ziegler [1998], Tabelle 5.25
16.1 bis 16.3	Cundy/Rollett [1961], S. 129, 130, 131
16.4 und 16.5	Adam/Wyss [1984], S. 36, 38
16.6 bis 16.8	Cundy/Rollett [1961], S. 135, 137, 139
17.1 und 17.2	Hilbert/Cohn-Vossen [1932], S. 119, 126
17.3 und 17.4	Ziegler [1998], Figur 6.39, 6.26
17.5	Locher [1953], S. 101
18.1 und 18.2	Ziegler [1998], Figur 6.37a, 6.37b
18.3	Renatus Ziegler
18.4 und 18.5	Ziegler [1998], Figur 6.26, 6.39
19.1 bis 19.6	Renatus Ziegler
20.1 bis 20.6	Wolfgang Maas
20.7 bis 20.25	Maas [1995], S. 55–72
20.26	Wolfgang Maas
21.1	Schatz [1975], S. 34, (www.paul-schatz.ch)
21.2	Klaus Ernhofer
21.3	Klaus Ernhofer, Martin Löschner

Mathematisch-Astronomische Blätter
Neue Folge

Herausgegeben von der Mathematisch-Astronomischen Sektion der Freien Hochschule für Geisteswissenschaft am Goetheanum, Dornach (Schweiz)

Redaktion: Oliver Conradt

Philosophisch-Anthroposophischer Verlag am Goetheanum, Dornach, Schweiz

1 Arnold Bernhard. ***Schauendes Geometrisieren***. Vom Würfel über den projektiven Raum zum hyperbolischen, elliptischen und polaraffinen Raum.
2. überarbeitete und erweiterte Auflage 1996,
X + 94 S., 131 Abb., Kt.
Fr. 15.– / € 10.–, ISBN 978-3-7235-0954-8.

2 Wim Viersen. ***Konstellationen in Bewegung***. Eine neue Phänomenologie von Opposition und Konjunktion.
1976 (vergriffen).

3 Georg Unger. ***Kontemplatives Mathematisieren***. Geometrische Verwandlungen.
1988. 115 S., 93 Abb., Gb.
Fr. 15.– / € 10.–, ISBN 978-3-7235-0503-8.

4 Peter Gschwind. ***Der lineare Komplex – eine überimaginäre Zahl***.
2. umgearbeitete und erweiterte Auflage 1991.
XII + 122 S., 4 Abb., Kt.
Fr. 15.– / € 10.–, ISBN 978-3-7235-0587-8.

5 Heinrich Eckinger / Georg Unger. ***Das Mass der Erde in der babylonischen Kultur.***
1979 (vergriffen).

6 Peter Gschwind. ***Methodische Grundlagen zu einer projektiven Quantenphysik***. Goetheanismus, synthetische Geometrie und Quantenphysik.
2. Auflage 1989. 108 S., 6 Abb., Kt.
Fr. 15.– / € 10.–, ISBN 978-3-7235-0506-9.

7 John Meeks. ***Planetensphären – Planetenkörper***. Versuch eines Ansatzes goetheanistischer Himmelskunde (= Geisteswissenschaftliche Vorträge, Nr. 29).
2. Auflage 1990. 29 S., 2 Abb., Kt.
Fr. 4.– / € 2.–, ISBN 978-3-7235-0507-6.

8 Renatus Ziegler. ***Synthetische Liniengeometrie***.
1981. 281 S., 99 Abb., Kt.
Fr. 18.– / € 12.–, ISBN 978-3-7235-0508-3.

9 Charlotte Fritzsch. ***Tropfenbilder***. Eine Betrachtungsübung.
1982 (vergriffen).

10 Rudolf Steiner. ***Texte zur Relativitätstheorie***.
1982 (vergriffen; alle Texte R. Steiners enthalten in: Rudolf Steiner, *Die vierte Dimension*, Dornach: Rudolf Steiner Verlag 1995, GA 324 a).

11 Lotte Volkmer. ***Zahlenphänomene***.
1983. 90 S., 20 Abb., 8 Tab., Kt.
Fr. 9.– / € 6.–, ISBN 978-3-7235-0511-3.

12 Joachim Schultz. ***Tierkreisbilder und Planetenlicht***. Versuche zum Studium ihrer Wirkungen auf das Pflanzenwachstum.
1986 (vergriffen).

13 Angelo Rovida. ***Übungen zur synthetischen projektiven Geometrie***.
1988. IX + 158 S., zahlr. Abb., Kt.
Fr. 15.– / € 10.–, ISBN 978-3-7235-0513-7.

14 George Adams. ***Lemniskatische Regelflächen***. Eine anschauliche Einführung in die Liniengeometrie und Imaginärtheorie. Mit einem Anhang über die Geometrie der elliptischen linearen Kongruenzen von *Renatus Ziegler*.
1989. XI + 176 S., 64 Abb., Kt.
Fr. 36.– / € 21.–, ISBN 978-3-7235-0514-4.

15 Peter Gschwind. ***Raum, Zeit, Geschwindigkeit***.
1986 (ersetzt durch Band 25).

16 Stephan Baumgartner. ***Hauschkas Wägeversuche***. Gewichtsvariationen keimender Pflanzen im geschlossenen System.
1992 (vergriffen).

17 Hanns-Jörg Stoss. ***Treffgeraden und Nullinvarianz***. Beiträge zur Liniengeometrie.
1995. VI + 123 S., 27 Abb., Kt.
Fr. 15.– / € 10.–, ISBN 978-3-7235-0752-0.

18 Gerhard Kowol. ***Primzahlen***. Ein mathematischer Zugang zu ihren Qualitäten.
1995 (vergriffen).

19 Christian Ostheimer / Renatus Ziegler. ***Skalen und Wegkurven***. Einführung in die Geometrie von Wegkurven und Wegflächen. (Mit einem Beitrag von *Dieter Kötter*).
1996. IX + 256 S., 70 Abb., Kt.
Fr. 18.– / € 12.–, ISBN 978-3-7235-0952-4.

20 George Adams. ***Universalkräfte in der Mechanik***. Perspektiven einer anthroposophisch erweiterten mathematischen Physik. (Mit einer Einführung von *Peter Gschwind*, herausgegeben von *Renatus Ziegler*).
1996. XIII + 257 S., 48 Abb., Kt.
Fr. 18.– / € 12.–, ISBN 978-3-7235-0953-1.

21 Renatus Ziegler. ***Morphologie der Kristallformen und symmetrischen Polyeder***. Kristall- und Polyedergeometrie im Lichte von Symmetrielehre und projektiver Geometrie.
1998. VIII + 241 S., über 300 Abb., Kt.
Fr. 24.– / € 16.–, ISBN 978-3-7235-1003-2.

22 Hanns-Jörg Stoss. ***Einführung in die synthetische Liniengeometrie***.
1999. XI + 170 S., 21 Abb., Kt.
Fr. 15.– / € 10.–, ISBN 978-3-7235-1037-7.

23 Peter Gschwind. ***Mass, Zahl und Farbe***.
2000. VIII + 235 S., zahlreiche Abb., Kt.
Fr. 18.– / € 12.–, ISBN 978-3-7235-1096-4.

24 Renatus Ziegler. ***Biographien und Bibliographien***. Mitarbeiter und Mitwirkende der Mathematisch-Astronomischen Sektion am Goetheanum.
2001. 244 S., zahlreiche Abb., Kt.
Fr. 15.– / € 10.–, ISBN 3-7235-1112-1.

25 Peter Gschwind. ***Projektive Mikrophysik***. Erweiterung der Teilchenphysik durch Umkreisgrössen.
2004. XII + 262 S., zahlreiche Abb., Kt.
Fr. 18.– / € 12.–, ISBN 978-3-7235-1208-1.

26 Peter Gschwind. ***Die Ich-Struktur der Materie***.
2008. XIV + 207 S., zahlreiche Abb., Kt.
Fr. 32.– / € 19.–, ISBN 978-3-7235-1336-1.

27 Hanns-Jörg Stoss. ***Koordinaten im projektiven Raum***.
2009. VI + 143 S., zahlreiche Abb., Kt.
Fr. 27.90.– / € 16.90.–, ISBN 978-3-7235-1349-1.

28 Renatus Ziegler. ***Projective Geometry and Line Geometry***.
2012. X + 287 S., zahlreiche Abb., Kt.
Fr. 38.– / € 29.–, ISBN 978-3-7235-1458-0.